含弘 教育学术文丛

教育部人文社会科学重点研究基地
西南大学西南民族教育与心理研究中心

本书获教育部人文社会科学重点研究基地重大项目（项目号16JJD880034）资助。

基于"互联网+"的边远地区科学普及研究

廖伯琴 ◎ 主编

西南大学出版社
国家一级出版社
全国百佳图书出版单位

图书在版编目(CIP)数据

基于"互联网+"的边远地区科学普及研究 / 廖伯琴主编. -- 重庆：西南大学出版社，2023.7
ISBN 978-7-5697-1321-3

Ⅰ.①基… Ⅱ.①廖… Ⅲ.①互联网络—应用—科学普及—工作—研究—中国 Ⅳ.①N4-39

中国国家版本馆CIP数据核字(2023)第121829号

基于"互联网+"的边远地区科学普及研究

JIYU "HULIANWANG+" DE BIANYUAN DIQU KEXUE PUJI YANJIU

廖伯琴◎主编

责任编辑：张浩宇
责任校对：杨光明
装帧设计：闰江文化
排　　版：杜霖森
出版发行：西南大学出版社(原西南师范大学出版社)
　　　　　网　　址：www.xdcbs.com
　　　　　地　　址：重庆市北碚区天生路2号
　　　　　邮　　编：400715
经　　销：全国新华书店
印　　刷：重庆华数印务有限公司
幅面尺寸：170 mm × 240 mm
印　　张：12
字　　数：250千字
版　　次：2023年7月 第1版
印　　次：2023年7月 第1次印刷
书　　号：ISBN 978-7-5697-1321-3
定　　价：78.00元

编委名单

主 任
廖伯琴

副主任
李富强　张正严　李太华　李　佳　杨玉梅

主要参编人员（排名不分先后）
马　兰　王翠丽　江相雅　刘　翔　刘德飞
张　蒙　张金龙　张海燕　张霞霞　赵　慧
唐颖捷　覃朝玲　董源莉　霍　静

前　言

公众的科学素养是国家综合国力、人民生活水平和社会繁荣的重要标志,而科学普及是提升公众科学素养的有效途径。

为促进科学教育育人功能的落实,促进全民科学素养的提升,西南大学科学教育研究中心自2000年始,集全国相关研究之长,以跨学科、多角度及国际比较的视角,持之以恒地探索科学教育的理论及实践,推出了科学教育系列成果。如科学教育理论研究系列、科学普及系列、科学教育跨文化研究系列、科学教材系列等。本书进一步丰富了科学教育跨文化研究系列的成果,为科学教育理论及实践的探索增添了又一亮色。

本书立足"互联网+"的时代背景,围绕我国民族地区的"互联网+"科学普及,层层递进,展开探讨。首先梳理相关概念和发展概况,深入比较和借鉴国内外成功经验,在此基础上,实地调研民族地区"互联网+"科学普及的实然现状,进一步构建"以受众为中心"的基于"互联网+"的民族地区科学普及模式,并对基于"互联网+"的科学普及资源库建设进行探索。

全书共六章,相关作者的分工如下:

第一章阐述了"互联网+"科学普及概论,由西南大学科教中心覃朝玲教授和刘德飞博士负责,张霞霞、江相雅、赵慧等共同撰写完成。该部分基于"科学普及""互联网+""新媒体"等相关概念,梳理了国内外"互联网+"科学普及的发展概况,探索了民族地区基于"互联网+"开展科学普及的必要性和可行性。

第二章阐述了"互联网+"科学普及的国际比较研究,由重庆外国语学校马兰老师和重庆第八中学唐颖捷老师负责完成。该章比较分析了美国、英国、澳大利亚、日本等国家科学普及的政策机构、内容渠道及科普实践的特点和差异,为我国民族地区"互联网+"科学普及提供借鉴。

第三章阐述了民族地区"互联网+"科学普及现状及案例,由解放军陆军勤务学院杨玉梅副教授和华中师范大学李佳副教授负责完成。本部分着眼于实践领域,全面考察民族地区"互联网+"科学普及的渠道方式、民众参与、科普需求等现状及存在的问题,重点选取云南省普洱市孟连自治县为地区案例,选取我国民族生态博物馆作为案例予以深入考察。

第四章阐述了基于"互联网+"的民族地区科学普及的影响因素探析,由华中师范大学李佳副教授和新疆师范大学张海燕教授负责完成。从"互联网+"科学普及的传播者、受众、传播内容与传播媒介四个要素切入,探索"互联网+"科学普及系统各要素间的相互作用和影响机制。

第五章阐述了基于"互联网+"的民族地区科学普及模式,由西南大学李富强副教授、张正严教授及张蒙博士负责完成。本部分从民间故事等人类学考察资料入手,剖析民族地区传统科学传播模式的发端与形成;进而详细解析"互联网+"的信息传播特点及民族地区科学传播要素的特殊性;最后借助传播学理论中的传播模式框架,构建"以受众为中心"的民族地区"互联网+"科学普及模式。

第六章阐述了基于"互联网+"的科学普及资源库建设,由西南大学李太华副教授、四川师范大学刘翔副教授、长江师范学院张金龙老师负责完成。本部分提出"积件原理"指导下的民族地区科学普及资源库设计思路,详细论述了基于"互联网+"的民族地区科学普及资源库建设的目标与内容、定位与功能以及标准与框架等。

本人作为西南大学科学教育研究中心主任,负责全书策划、内容框架、章节确定及初稿修改、统稿、定稿等。本书的出版离不开广大老师的辛劳与支持。感谢西南大学出版社的杨毅老师、郑持军老师、杜珍辉老师、张浩宇老师的鼎力支持;感谢四川师范大学巴登尼玛老师、山东师范大学高嵩老师、贵阳市教育局赵兵老师、安顺学院罗军兵老师、广西民族师范学院黄健毅老师、四川民族学院田泽森老师、西南大学霍静老师和杜杨老师为本书的编写与改进提出了诸多宝贵的建议。还有西南大学博士生、恩施职业技术学院教师董源莉参与了本书的统稿和校对等。西南大学硕士研究生王翠丽、杜文馨、张莹、文婷、程超令、谢芳、刘京宜、刘丽苹、王峰,本科生万婷婷等协助开展实地调研并查阅了大量资料。本书是教育部人文社会科学重点研究基地西南大学西南民族教育与心理研究中心重大项目"基于'互联网+'的民族地区科学普及研究"(项目号:16JJD880034)的成果之一,感谢教育部社会科学司和西南大学的资助。

本书从确定撰写思路、实地调研到初稿完成历时三年有余,随后又经历近两年的反复修改与打磨完善,终于与大家见面了。尽管我们不断努力,但此书仍存在这样或那样的问题。我们感谢批评的声音,同时期待大家的支持。

廖伯琴

于西南大学荟文楼

目录

第一章 概论 / 001
  第一节 概念界定 / 004
  第二节 "互联网+"科学普及发展概况 / 012
  第三节 "互联网+"科学普及技术应用概况 / 016

第二章 基于"互联网+"科学普及的国际比较 / 031
  第一节 美国基于"互联网+"的科学普及与发展 / 033
  第二节 英国基于"互联网+"的科学普及与发展 / 040
  第三节 澳大利亚基于"互联网+"的科学普及与发展 / 050
  第四节 日本基于"互联网+"的科学普及与发展 / 058
  第五节 基于"互联网+"科学普及的国际比较 / 065

第三章　我国民族地区"互联网+"科学普及现状及案例　/ 071
第一节　民族地区"互联网+"科学普及现状调查　/ 073
第二节　民族地区科学普及方式及案例　/ 080
第三节　民族地区科学普及地区案例——云南省普洱市孟连自治县案例　/ 089

第四章　基于"互联网+"的民族地区科学普及的影响因素探析　/ 097
第一节　传播者对基于"互联网+"的民族地区科学普及的影响　/ 099
第二节　受众对基于"互联网+"的民族地区科学普及的影响　/ 104
第三节　传播内容对基于"互联网+"的民族地区科学普及的影响　/ 110
第四节　传播媒介对基于"互联网+"的民族地区科学普及的影响　/ 114

第五章　基于"互联网+"的民族地区科学普及模式　/ 119
第一节　民族地区传统科学传播模式的发端与形成　/ 121
第二节　民族地区"互联网+"的科学普及要素　/ 135
第三节　民族地区"互联网+"的科学普及模式　/ 146

第六章　基于"互联网+"的民族地区科学普及资源库建设　/ 155
第一节　民族地区科学普及资源库建设的目标与内容　/ 157
第二节　民族地区科学普及资源库建设的定位与功能　/ 165
第三节　民族地区科学普及资源库建设的标准与框架　/ 171

参考文献　/ 181

第一章 概论

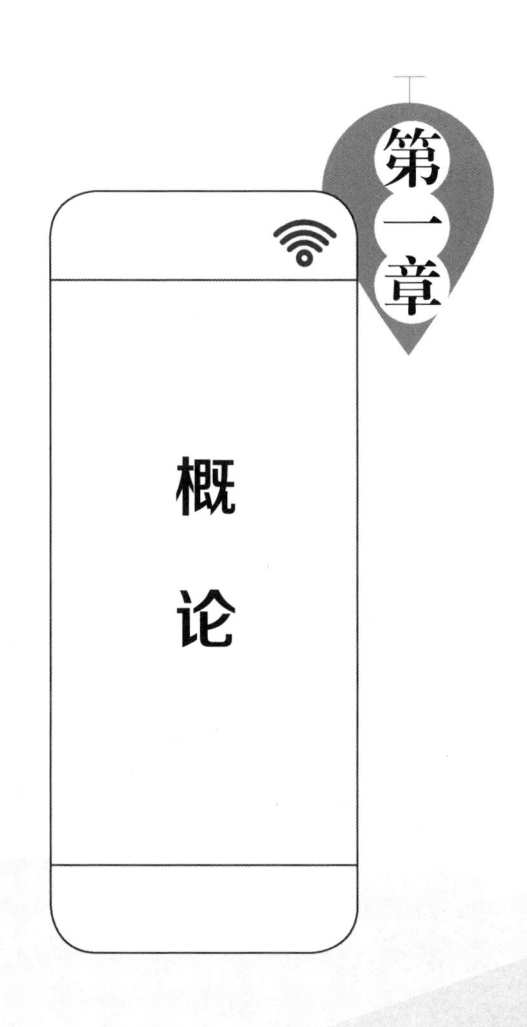

创新在推动人类社会发展中的作用日益凸显,成为引领社会发展的主导力量。在众多科学技术中,互联网技术深刻改变着人们的生产、生活与学习方式,日益成为发展的新引擎,有力推动着社会的发展。

借助互联网大力发展科学普及事业,提高公民科学素质已经成为世界各国提升综合国力的战略共识。据2021年2月3日中国互联网络信息中心(CNNIC)发布的第47次《中国互联网络发展状况统计报告》,截至2020年12月,我国网民规模达9.89亿,互联网普及率达70.4%。互联网发展带来信息的爆炸式增长以及信息表达方式的多样性,使科学普及变得高效、方便和充满乐趣;云计算、数据挖掘等现代信息技术的应用,也使泛在、精准、交互式的科学普及成为现实。推动大数据、云计算等在科学传播领域的发展与应用,加强科学普及内容、活动、产品的跨终端全媒体推送,推动科技知识在移动互联网和社交圈中的流行,促进全民科学素质提升,是科学普及工作者的理想与责任。

如何利用"互联网+"技术让科学知识在民族地区群众生活中普及起来,推动民族地区科学普及形态演变,实现科学普及行为模式、科学普及表达形式、科学普及服务方式的转变,实现少数民族地区科学普及覆盖范围最大化,提高民族群众的科学素养是本书研究的重点。

第一节 | 概念界定

"互联网+"与科学普及的有效融合,能够推动科学普及理念和科学普及内容、表达方式、传播方式、组织动员、运行机制等的全面创新。为了更好地利用"互联网+"对民族地区进行科学普及,本节将对科学普及、"互联网+"、新媒体、民族地区等概念进行概述。

一、科学普及的概念

科学普及简称科普,又称大众科学或者普及科学,是指利用各种传媒以浅显的、让公众易于理解、接受和参与的方式,向普通大众介绍自然科学和社会科学知识、推广科学技术的应用、倡导科学方法、传播科学思想、弘扬科学精神的活动。科学普及是一种社会教育。"科学普及"一词,英文有多种表达方式,如 Popular Science,Science Popularization,Popularized Science 等。据中国科普研究所专家石顺科的考证,英文"科学普及(Popular Science)"一词的出现最迟不会晚于1872年,这一年尤曼斯创办了《科普月刊》,使用的就是"Popular Science"。1881年,《波士顿化学学报》改名为《科普信息》,也用了同样的词语。1799年英国就成立了皇家科学普及协会。"科普"在中国是科学技术普及的简称,它作为中文的专有名词,出现较晚,在1949年以前并没有出现过。据樊洪业考证,1950年"中华全国科学技术普及协会"成立,大约从1956年前后,"科普"开始作为"科学普及"的缩略语,逐渐从口头词语变为非规范的文字词语,并收入1979年版《现代汉语词典》,成为这个领域的标准术语。科学普及最基本的四个要素是:①科学普及对象。该定义明确提出科学普及的对象是全体社会公众。②科学普及内容。科学普及内容包括科学知识、技术能力和科技意识三个层面,不仅涵盖了传统科学普及提出的科学技术知识和技能的普及,而且通过"科技意识"这一概念的引入,概括了科学方法、科学思想、科学精神、科学道德内容,更好地体现了科学普及的目的性。③科学普及形式。科学普及应采用通俗化、大众化和公众乐于参与的方式并充分体现通俗易懂、生动活泼的特点,同时强调主体与受众之间的双向互动。④科学普及目的。科学普及的直接目的是促进公众科技意识的形成,最终目的是提高全民科学文化素质和思想道德素质,这与当前有关科学普及的定义、相关法规的精神,以及公民科学素质建设都是一致的。

2002年颁布的《中华人民共和国科学技术普及法》,从法律层面把科学普及工作规定为国家责任。中国政府高度重视科学普及工作,从财政收入中拨付的科学普及经费逐年增加,数目不菲。科学普及的主要理论辩护者,来自中国科学技术协会(以下简称"中国科协"或"国家科协")下属的中国科普作家协会(成立于1979年)以及中国科普研究所(成立于1980年),"科普"具有国家主义、功利主义、科学主义三重特征(吴国盛,2018)。

从科学社会学的角度来看,科学普及是一种广泛的社会现象,必然有其自身的生长点。科学普及的生长点就在自然与人、科学与社会的交叉点上。也就是说,自然科学与人类社会的相互作用生成了科学普及,科技与社会又作为科学普及的"土壤",哺育着它生长。而科技进步和社会发展,则为科学普及不断提供新的生长点,使科学普及工作具有鲜活的生命力和鲜明的社会性、时代性。形象地说,科学普及是以时代为背景,以社会为舞台,以人为主角,以科技为内容,面向广大公众的一台"现代文明戏",在这个舞台上是没有传统保留节目的。

从本质上来看,科学普及是一种社会教育。作为社会教育,它既不同于学校教育,也不同于职业教育,其基本特点是:社会性、群众性和持续性。科学普及的特点表明,科学普及工作必须运用社会化、群众化和经常化的科学普及方式,充分利用现代社会的多种流通渠道和信息传播媒体,不失时机地广泛渗透到各种社会活动之中,才能形成规模宏大、富有生机、社会化的科学普及工作。

二、"互联网+"的概念

互联网是网络与网络之间所串连成的庞大网络,这些网络以一组通用的协议相连,形成逻辑上的单一巨大国际网络。(冯希叶,2015)这种将计算机网络互相连接在一起的方法称作"网络互联",在这基础上发展出覆盖全世界的全球性互联网络称为互联网,即互相连接一起的网络结构。互联网始于1969年,美军在ARPA(阿帕网)制定的协订下,将加利福尼亚大学洛杉矶分校、斯坦福大学研究学院、加利福尼亚大学和犹他州大学的四台主要的计算机连接起来。这个协订由剑桥大学的BBN和MA执行,在1969年12月开始联机。到1970年6月,麻省理工学院、哈佛大学、BBN和加州圣达莫尼卡系统发展公司加入进来。到1972年1月,斯坦福大学、麻省理工学院的林肯实验室、卡内基梅隆大学等加入进来。紧接着的几个月内,美国国家航空和宇宙航行局、兰德公司和伊利诺利州大学等也加入进来。1983年,美国国防部将阿帕网分为军网和民网,渐渐扩大为今天的互联网。

互联网又称网际网路,所谓"联"就是连接、联通,"互"就是互动。在之前的技术变革当中,绝大部分的技术是单向的,比如电视只能看、收音机只能听。只有极少数的技术能实现双向或多向交流,比如电话是双向的,但电话的多人沟通能力也非常有限。基于此,互联网体现出了最大的应用价值,它拥有满足海量用户同时进行互动的能力,这种能力甚至还在不断发展中。"网"即结网,也就是用网络的方式完成协同、分工和合作。只有随着连接的不断发展,人和信息都上线了,人和人、人和信息之间的互动才会越发丰富,最后交织成越来越繁密的网络,可以用更高效、便捷的方法去实现原来很难完成的事情。

继农业、工业革命之后,信息革命正悄然而至,互联网就如同第二次工业革命中的"电"。电曾经让很多行业发生了翻天覆地的变化,而今互联网也一样跨越了行业的鸿沟,与各行各业深度融合创新,"互联网+"也就随之诞生。关于"互联网+"的内涵和本质,各行各业、不同的研究者的理解有所不同,主要有"跨界融合"说(马化腾,2016;宁家骏,2015)、"技术升级"说(姜奇平,2015)和"新经济形态"说(黄楚新,2015;沈潇,2015)三种观点,可以从中提取其本身的内涵共性:传统产业的在线化、数据化,以此充分发挥互联网在各个领域的重要作用。本书中,"互联网+"既是整个研究的大背景,即"经济社会发展新形态"这一背景,同时也是利用互联网技术将传统科学普及"互联网化",将开放、平等、互动等网络特性运用在科学传播中,并通过大数据的分析与整合,改造传统科学普及的传播媒介,同时打破原有的固定传播模式,以此来传播科学知识、推广科学技术、普及科学思想,以提高全民族的科学文化素质。

目前,"互联网+"不仅正在全面应用到第三产业,形成了诸如互联网金融(IT-FIN)、互联网交通、互联网医疗、互联网教育等新业态,而且创造了更多的连接场景,连接的泛化催生出更多的产品、服务和商业模式。互联网信息资源的持续增长为人类的进步积累了大量的数字财富,以图书、期刊、报纸、标准、专利、百科全书为代表的传统信息源大多有了数字化的形式,以网络经验、问答社区、网络课程为代表的新型信息源呈现爆发式增长,诸如电商网站、APP、微信公众号这些非信息源平台也积累了大量的信息资源,成为事实上的信息源。以互联网为代表的信息技术的进步,使得人与信息资源的连接在硬件上成为可能,搜索引擎、网络导航为人们获取所需要的信息提供了资源发现的软件工具,信息素养的提升为人们利用这些信息提供了意识和方法。

"互联网+"科学普及就是树立IT治理理念和互联网思维,利用信息通信技术以及互联网平台,让互联网与传统科学普及方式进行深度融合,实现科学普及表达模式、科学普及服务模式的创新,以及科学普及增值服务。(李宁,2017)这也将传统科学普及自上而下的单向信息传播方式拓展为双向甚至多向,极大地丰富、延展了科学普及工作的理论与实践,是一种全新的科学普及理念和科学普及精神。(杨朋,2018)但是"互联网+"科学普及绝非互联网与传统科学普及模式的简单组合,而是互联网与新时期科学普及规律融合后,依托科学普及信息化工程项目平台,就是应用现代数字信息技术,以互联网作为传播平台,由专门的组织机构或个人在网络上以公众为对象开展的科学普及活动。

互联网与新时期科学普及规律融合,具有鲜明的时代特征。(1)载体新:科学普及的主要传播载体是网站、微博、微信公众平台等新媒体,更符合新时代读者的阅读习惯——碎片化阅读。(2)形式新:用更丰富有趣的形式传播科学知识,如漫画、视频、网络直播、电影评论、时事评论、科学趣闻、专家辩论、线下课程与互动等。(3)内容新:科学普及不再局限于类似《十万个为什么》中的内容,而是具有更广阔的容纳度和更前沿的敏感度,比如从《三体》中的物理知识到美国航空航天局最新发回的照片,从转基因食品安全性的辩论到基因编辑引发的伦理之争,更能引发民众的思考与共鸣。(4)传播者新:以往我国科学普及从业人员比较固定,不少人脱离研究一线,科学家也较少进行科学普及。现在越来越多的科学家已经开始在科学普及领域发出自己的声音，一些研究院所也创办了自己的公众号，让更多一线科技工作者真正参与到科学普及事业中来。(5)受众新：2016年发生的"引力波"刷爆朋友圈事件，正说明了网络科学普及受众的变化，我国网民的数量已经突破7亿，与传统科学普及相比，"互联网+"科学普及正以更迅疾的速度惠及更广阔的人群。

可见，"互联网+"科学普及从一定程度上拓展了科学普及传播模式，创新了科学普及表达方式，丰富了科学普及资源，转变了科学普及传统思维，扩大了科学普及的普及面和覆盖面，满足了公众对于科学普及知识日益增长的需求，让传统科学普及焕发新的生机与活力。"互联网+"科学普及是对传统科学普及传播方式根本性的变革，它颠覆了传统科学普及自上而下的单向信息传播形式，以多媒体传播和社交互动为平台，开启了全民科学普及的新局面。(马亚韬，2015)

三、新媒体的概念

马歇尔·麦克卢汉在《理解媒介——论人的延伸》[1]一书中提出：媒介是人的延伸。在麦克卢汉的眼里，媒介即万物，万物皆媒介。一切能使人与人、人与事物或事物与事物之间产生联系或发生关系的物质都是广义上的媒介。而媒体是一种能够传递信息的媒介。随着数字时代的到来，我们充分领略了媒体形态更迭所带来的冲击和震撼。相对于报纸、杂志、广播和电视等传统媒体，新媒体带给我们最直接的冲击和最直观的感受，是我们的感观和意识的延伸。

新媒体，是英文单词 New Media 的直接翻译。1967年，美国 CBS（美国哥伦比亚广播电视网）技术研究所所长 P. 戈尔德马克先生（P.Goldmark）的一份开发电子录像的商业计划书中，首次提到 New Media 一词，这是新媒体一词最早的来源。之后，担任美国传播政策总统特别委员会主席的 E. 罗斯托（E.Rostow），向当时的总统尼克松提交了一份报告，其中又数次提到了这个词。自此后，"新媒体"一词在美国流行并开始风靡世界。[2]

"新媒体"概念出现于人类即将进入信息时代的前夜。从20世纪60年代新媒体一词诞生到今日的普及，新媒体走过了半个多世纪的风风雨雨。几十年来，新媒

---

[1] [加]马歇尔·麦克卢汉.理解媒介——论人的延伸[M].何道宽译.南京：译林出版社，2019：12.
[2] 蒋宏，徐剑.新媒体导论[M].上海：上海交通大学出版社，2006：12.

体一词的内涵和外延始终在不断地快速扩展,学者、用户,甚至相关产业的从业人员,都从各自不同的角度解读过新媒体。如美国《连线》杂志将新媒体定义为:所有人向所有人传输,所有人与所有人互动,不同于一个人向所有人的沟通,也不是一个人和一个人的沟通。联合国教科文组织认为,新媒体是以数字技术为基础,以网络为载体进行信息传播的媒介。有人认为新媒体是向大众提供个性化内容的媒体,传播者和接受者可以同时进行个性化交流。有人认为新媒体是一种传播形态和媒体形态,与它相对的是传统媒体,它是继报刊、广播、电视等传统媒体之后发展起来的,利用的是数字技术、网络技术和移动技术,通过互联网、无线通信网和有线网络等渠道,以及电脑、手机、数字电视机等终端设备,向用户提供信息和服务。(陈少华等,2015)还有人认为,新媒体是指当下万物皆媒的环境,简单说:新媒体是一种环境新媒体。作为传播、交流、沟通、分享的平台,可以从时间、技术、范围三个维度来界定。(黄莉,2019)总之,对新媒体一词的含义界定向来众说纷纭、莫衷一是,时至今日依然没有定论。

新媒体是传统媒体在新技术下催生出的新的表现形式,是在传统媒体基础上发展而来的,依然沿用了传统媒体的信息传播形态,但在信息表现形式、受众定位及信息接收载体上呈现出新的特点,信息质量获得提高,受众定位更加明确,传播范围更为确定,并覆盖了以前传统媒体无法覆盖的区域。综上所述,新媒体是指相对于传统媒体来说的以手机、网络等为依托的媒体,是以现代的网络通信为基础,利用了网络技术、数字技术、移动通信技术等新技术,以微信、微博、SNS社区、手机APP、多种即时通信软件等为典型代表,向公众尽可能提供各种各样符合用户需求服务的媒体。

本书中所指的新媒体主要是以数字信息技术为基础,以互动传播为特点,具有创新形态的媒体,是在计算机信息处理技术基础之上出现的媒体形态,简而言之就是在数字技术和网络技术的基础之上延伸出来的各种媒体形式。与以往的传统媒体相比较,新媒体在科学传播普及中有绝对的优势,主要包含以下几点:(1)新媒体具有高速度、高清晰度、高共享度和高互动度等特点,也有更优越的信息深度、广度与发散度,具有信息传播多媒体化、信息定制个性化等优势。新媒体技术在"以人为本"的科技信息时代,彰显着充分满足人们对于信息多样化需求的优势,这无疑为科学知识的传播提供了更广阔的空间。(2)新媒体具有跨媒体的信息整合功能，新媒体与传统媒体的复合型组合，决定了科学普及传播形式与传播内容的多样性。(3)新媒体传播帮助受众实现了"碎片化"阅读，无处不在的新媒体传播扮演着科学普及的使者。诸如公交车上的移动电视，手机中的微信公众号、微博平台、APP等先进的新媒体工具，在传播科学知识时，都利用了图像、画面、声音等多媒体化的传播形式，使科学知识的传播不再局限于单调的文字信息，同时新媒体利用数字技术，比如AR技术、VR技术等使抽象难懂的科学知识，变得更加生动有趣，极大地激发了读者获取科学知识的欲望。

四、民族地区的概念

在汉语中，"民族"一词出现得比较晚。在古籍中，对于不同文化特征的人经常使用"族"。20世纪初，梁启超把欧洲政治学家、法学家J.K.布伦奇利的民族概念引进到中国来，然后"民族"一词才被广泛接受。根据布伦奇利关于"民族"的概念，民族包括8种特质：①其始也同居一地；②其始也同一血统；③同其肢体形状与服饰；④同其语言；⑤同其文字；⑥同其宗教；⑦同其风俗；⑧同其生计。目前，我国民族学者吸取各方面学者的见解，接受并公认的民族的定义为：人们在一定的历史发展阶段形成的，有共同语言、共同地域、共同经济生活，以及表现于共同的民族文化特点上的共同心理素质的稳定的共同体。根据以上的解释，其定义有三方面的特点：第一，指出民族是人们在一定的历史发展阶段的产物，即民族是一种社会现象，其发展有个过程，达到或符合这几个"共同"才能称为民族；第二，把民族的基本特征概括为共同语言、共同地域、共同经济生活和共同心理素质；第三，强调民族的稳定性[1]。在民族基本特征的四个"共同"中，尽管语言列为第一个共同条件，但是，共同的地域才应是首要条件。因为只有基于共同地域的条件下，才有可能逐步形成其他三个"共同"。当然，这里"地域"指的是民族的分布是连续的，没有被分割的分布区，而不是指具有某种特征的区域。目前，世界上的民族分布区大都属于共同地域，但由于历史或移民原因也有破碎的分布区出现，甚至离开其起源地区，尽管分散，但仍保留着本民族原来的习俗。由于一个群体共同生活必然相互交往，语言是

1　王恩涌.政治地理学[M].北京:高等教育出版社,1998:44.

交换思想意识最基本的工具,因此,共同语言也是一个民族的重要特征。

少数民族是指多民族国家中,除主体民族以外的民族。在中华人民共和国,除主体民族汉族以外的其余55个法定民族均是少数民族。中国的少数民族分布在我国总面积约60%的土地上,人口约占全国总人口的8.41%,主要分布在内蒙古、新疆、宁夏、广西、西藏、云南、贵州、青海、四川、甘肃、黑龙江、辽宁、吉林、湖南、湖北、海南等省、自治区。中国民族种类最多的是云南省,有25个民族。

以少数民族为主体的地区就是民族地区。关于民族地区的界定,从一般意义上来说,省一级行政单位就是指我国民族地区的民族八省(自治区),包括内蒙古自治区、宁夏回族自治区、新疆维吾尔自治区、西藏自治区和广西壮族自治区等五大少数民族自治区,和少数民族分布集中的贵州、云南和青海三省[1];从严格意义上来说,则包括所有的民族自治地方,这是从行政区划的角度解释民族地区的概念。(焦书乾,1996)民族地区的特点是:①特定的一个或几个少数民族世代生活的地方;②少数民族人口较为集中的地方;③拥有浓郁的民族特色、民族习惯以及文化;④一般民族地区都享有国家一定的特权,以及一定的法律自治权。一个民族或一个社会群体,在长期的生产实践和社会生活中,会逐渐形成较为稳定的文化风格和群体心理。科学普及离不开具体的社会环境,受到社会、政治、经济、文化等各种因素的影响或制约。我国民族地区具有人口居住分散、民族文化差异大、人均受教育水平较低、获取知识和信息的能力弱等特点,与此同时也面临着社会科学普及资源匮乏、科技教育设施落后、科学普及工作运行成本高等现实问题。这些因素在一定程度上制约了少数民族地区科学普及工作跟上"互联网+"时代的发展步伐。

1　舒燕飞.我国少数民族八省区主要经济指标分析[J].中国统计,2010(6):53-57.

第二节 | "互联网+"科学普及发展概况

在"互联网+"的背景下,信息传播形式和传播载体更加多元化。网络科学普及具有传统科学普及没有的海量信息、生动有趣的多媒体表现方式、平等的交互功能、长时间的展示、及时有效的更新、便捷的检索查询功能等特点。在此背景下,"互联网+"科学普及是国内外科学普及发展的大势所趋。

一、我国"互联网+"科学普及发展概况

随着互联网的飞速发展,"互联网+"为我国各个领域注入了新的生机与活力,共享、共治、创新的网络精神融入我们经济和政治、教育及生活的各方面,也为我国科学普及工作开辟了新模式,提供了一个更便捷的传播平台,为科学普及不断提供新的生长点,使科学普及工作具有鲜活的生命力和鲜明的社会性、时代性。

(一)科学普及政策

新中国成立以来,党和国家对科学普及始终给予高度重视,并出台相关政策法规。自1978年以来,我国的科学普及事业蓬勃发展,相关科学普及政策的发展大致分为三个阶段:

第一阶段是恢复时期。1978年3月全国科学大会开幕,周培源以中国科协代主席的身份在大会上发言,提出要积极开展科学普及工作,为提高全民族的科学文化水平做出贡献,强调推动广大青少年向科学进军、大力开展青少年的科学技术活动。1992年中国科协和中华人民共和国国家科学技术委员会(以下简称"国家科委")有关部门正式在全国范围内对我国公众的科学素养进行抽样调查,其结果首次收入《中国科学技术指标》,由此开启了对公众科学素养进行系列调查并进行国际比较的先河。

第二阶段是成熟时期。20世纪90年代初,中国社会上掀起一阵封建迷信、反科学、伪科学的妖风,严重阻碍了社会主义物质文明和精神文明建设。(斯文,1997)因此,高度重视科学普及工作,采取有力措施加强科学普及法制化,促成完备的科学普及体系已成为一项迫在眉睫的工作。1994年12月,中央及国务院《关于加强科学技术普及工作的若干意见》文件的出台,成为我国有史以来第一个全面论述科

学普及工作的官方文件；1996年9月中宣部等部门再次发出了《关于加强科普宣传工作的通知》。这两篇指导性的文件明确提出提高全民科学文化素质是当前和今后一个时期科普工作的重要任务。1999年，我国颁布了《2000-2005年科学技术普及工作纲要》(以下简称《纲要》)，《纲要》是官方发布的第一个科学普及工作的规划纲要，为我国科学普及事业开展提供了具体的指导意见和实施细则。(佟贺丰，2008) 2002年6月，《中华人民共和国科学技术普及法》颁布施行，被认为是世界上首个国家级科学普及法。该法确定国家有普及科学技术知识，提高全体公民科学文化水平的责任，充分彰显出中国政府对科学普及工作的高度重视和深切期望。自2004年开始研究并最终制定了《国家中长期科学和技术发展规划纲要(2006—2020年)》，2012年国家科学技术部颁布了《国家科学技术普及"十二五"专项规划》，这些工作为建设创新型国家打下了坚实的社会基础。这些科普政策的出台，说明我国对提升公民素质的重视已上升到国家建设高度，与构建和谐社会、建设创新型国家紧密联系在一起，说明一个科学普及大发展、大协作的局面正在形成。

第三阶段是战略升级时期。新时代下互联网的发展为多个行业注入了新的活力，2014年中国科协发布的《中国科协关于加强科普信息化建设的意见》指出，要推动信息技术在科学普及中得到广泛深入的应用，推动信息化与传统科学普及的深度融合。2016年国务院下发《全民科学素质行动计划纲要实施方案(2016—2020年)》，指出我国科普技术手段相对落后，均衡化、精准化服务能力亟待提升，要实施科学普及信息化工程。同年3月中国科协出台《中国科协科普发展规划(2016—2020年)》，决定实施"互联网+"科学普及建设工程等六大工程。自此"互联网+"科学普及成为中国科协推进我国科普事业的重要战略举措，成为新时代科学普及信息化的主要手段，引领着新时代科学普及工作的发展。[1]

(二)"互联网+"科学普及实施

信息技术的发展为科学普及事业的发展创造了一个新的平台，在信息化背景下，中国科协于2014年启动科学普及信息化项目建设。伴随着信息技术的不断发展，"互联网+"科学普及正逐渐推动着科学普及主体、科学普及内容以及科学普及媒介的不断转变和进步，同时对相关受众产生了深远的影响。

---

[1] 杨文志.科普供给侧的革命[M].北京:中国科学技术出版社,2017:218-225.

我国科学普及的新媒体类型较多，呈现主导机构多样化的特点：既有政府及其下属单位主办的公益性科学普及网站，又有门户网站、大众媒体等开设的商业性网站；既有科研、科学普及机构等组织主办的科技网站和论坛等，又有个人或者兴趣小组开设的传播科学普及知识的网站或博客。像中国数字科技馆、中国科普博览、科学网、果壳网等一批科学普及网站建成并迅速发展，其内容丰富、学科覆盖面广、趣味性互动性强、互联网技术应用水平高，深受公众欢迎。国内许多门户网站都比较重视对科学普及内容的建设，有的是以栏目形式，有的是以专题形式。四大门户网站——新浪、网易、腾讯、搜狐都在二级页面设置有科技频道。人民网也设有专门的科技频道，致力于科学知识的传播与普及，设有人类发明史大讲堂、数字科技馆等趣味性和互动性强的栏目，它是网络科学普及联盟的重要成员，网页内有专门的科学普及搜索引擎，可供访客深度搜索多家专业科学普及网站与栏目的信息。

我国大众传媒科技传播的渠道日趋多样，无论从种类还是数量上均有提高，手机数字报、微博、微信、科学普及视频网站、科学普及专题微电影等新型科学普及传播方式不断涌现，人们获取科学普及信息的方式、学习科学普及知识的渠道和手段得到彻底改变。在科技信息来源方面，有调查显示，电视和互联网是公众日常获取科技信息的主要渠道，分别占比68.5%和64.6%。在互联网渠道中，微信、百度等成为公众获取科技信息的主要工具。特别是近年来在政府出台的许多政策中，都包含网络科学普及的内容，体现了对网络科学普及的高度重视。据科技部发布的2016年度全国科学普及统计数据来看，全国共有科学普及场馆1393个，由政府投资建设的科学普及网站达到2975个，覆盖了全国30个省、自治区、直辖市，主办单位包括各级科协、学会、政府和事业单位、企业报刊、科研机构、科普学场馆、新闻和门户网站及个人等八类。

受众是科学传播中很重要的要素之一，没有受众，科学传播只是空中楼阁。科学传播正实现从"以传播者为中心"到"以受众为中心"的历史跨越。罗红在其博士论文《科学传播的叙述转向及其哲学思考》中表明：所谓科学传播向叙述性转向，就是使得科学知识和人们的日常生活紧密联系；更加重视受众的主体间性。为实现我国公民科学素质建设的战略目标，《科学素质纲要》中把科学普及受体分为四类重点人群，分别是未成年人、农民、城镇劳动者、领导干部和公务员。在"十二五"期间,把社区居民划归到科学普及的重点人群,形成了科学普及的五个重点人群,但是各类人群的科学素养水平参差不齐。依据中国科协发布的第10次中国公民科学素质抽样调查(简称调查)结果,与2015年相比,本次调查中高中、大学专科、大学本科及以上文化程度的公众具备科学素质比例均有所下降,在历次调查中首次出现受教育程度较高人群具备科学素质的比例下降的状况。农村居民具备科学素质的比例为4.93%,比2015年提高了2.5个百分点,增幅高于城镇居民。

二、国外"互联网+"科学普及发展概况

互联网源自于美国,经历半个多世纪的发展,开拓出了科学普及的新模式。欧美地区各个国家在"互联网+"科学普及方面积累了丰富的经验。分析和把握发达国家和地区的"互联网+"科学普及模式,对于构建中国特色"互联网+"科学普及模式具有十分积极的作用。

欧美发达国家科学普及事业发展迅速,根据不同的历史时期将科学普及划分为三个阶段。目前已经从传统科学普及阶段,经过公众理解科学阶段,走向了大众参与阶段。

第一阶段是传统科学普及时期,人们假定了施众与受众、上级与下级的二层关系。上面是科学家共同体及小部分科技媒体从业者,他们掌握着较多科技知识,下面是广大"愚昧"的民众,这时期的科学普及基本上没有下层向上层的反馈关系,一般只是向下灌输。

1985年英国皇家学会发表了一份重要报告《公众理解科学》,标志着传统科学普及阶段向公众理解科学阶段转变。在这一时期科学与科学家不再是高高在上,没有知识掌握者就高人一等的想法,为了科学、社会的健康发展,应把世俗本性还给科学。公众理解阶段创造一种科学家与公众之间合理对话的新模式,一些重要的科研单位对公众开放。例如,美国休斯敦航空、空间训练中心,为了让公众了解、理解、支持航天事业,他们开放部分工作间,并向参观者介绍中心的训练和工作的情况。

第三个阶段是大众参与阶段。前两个阶段的科学普及虽然起到了传播科学知识的作用,但是他们把参观者变成了旁观者,停留在知识体验阶段,难以激发公众对科学的兴趣和热情。这一阶段充满了全新的理念,观众可以参与其中,通过观察、实践等更能理解先进的科学技术,从而去探索科学技术的奥秘。在英国的小学教育中,参观博物馆历来都是十分重要的环节。科学普及事业不仅在普及科学知识、倡导科学方法、传播科学思想、弘扬科学精神方面发挥了积极作用,有的地区还借助科学普及实现了经济的振兴和繁荣,如美国马里兰州巴尔的摩市在1904年大灾之后,引进博物馆事业,进而成功地完成了该城的再造,带动了经济的发展,创造出大量的就业机会。

大众参与阶段的科学普及工作,注重的是科学普及创作者和科学普及受众的双向交流。科学普及本身也是一个信息传播过程,"互联网+"科学普及从传播媒介上来看,相较于传统科学普及媒介具有较强的交互性,使公众不仅是科学信息的接受者,同时也是信息的创造者和分享者。新媒体对于科学普及方式的延伸和拓展带来的机遇已被深刻认识,利用互联网平台开展科学普及信息传播,推动科学普及工作上升到一个新的水平也早已成为社会各界共识。

第三节 | "互联网+"科学普及技术应用概况

在如今的"互联网+"时代下,网站、社交软件、科普APP、VR技术等电子网络载体发展迅猛,逐渐取代传统载体。通过网络载体进行科学普及和传播已经成为一种便捷、有效的途径。

一、网站科普发展应用概况

伴随着网络技术的革新,网站科学普及作为一种新型的科学普及途径,自身已经开始进入快速发展阶段,并受到了越来越多的关注和重视。

(一)我国网站科学普及发展历史

新形势下,我国众多的科学普及网站如雨后春笋般成长起来,使网络成为科学普及知识传播的新阵地,对科学知识的推广和普及产生了重大的推动作用。而在此之前科学普及网站的发展也经历了一个漫长的过程。

我国科学普及网站自1995年建设,至今已走过20多年的历程,利用网络平台进行科学技术知识的传播与普及的发展是伴随着互联网的广泛运用以及各类网站的建立而逐步发展起来的。一些研究者将我国科学普及网站的发展分为五个阶段:萌芽期、缓慢发展期、较快发展期、创新发展期、转型期。

第一个阶段:萌芽期

1995年至2002年,由于我国在互联网新技术应用方面的不足,网络科学普及作为一种新型的科学普及途径,并未受到人们的关注和重视,因此自身发展缓慢甚至停滞。科学普及网站的内容质量和专业化水平不高,难以向社会大众提供科技信息知识服务,在重大科技事件、科学普及活动的宣传报道中作用不大。

第二个阶段:缓慢发展期

2002年以后,我国一批深受社会公众喜爱的科学普及网站相继建成。其主要原因一是政府给予足够的重视,出台了很多发展科学普及事业的政策。二是政府投资额度的加大,特别是对于具有代表性的科学普及网站更是达到了上千万元的投资。这些资金有助于科学普及网站通过组织和开展各式各样的科学普及活动加快自身成长和发展,也为提高社会公众的整体科学素质和绿色健康的网络文化建设做出了巨大贡献。2004年8月26日,中国科学院网络科普联盟在北京成立,同年9月2日中国互联网协会网络科普联盟成立。2005年,该科普联盟开展了第一届全国优秀科学普及网站评选活动,并设置了较好的奖励机制。

第三个阶段:较快发展期

2008年至2010年,在信息技术的推动下,网络科学普及主体利用互联网将视觉、娱乐等特性与自身庞大的科学普及信息资源整合起来,具备了以往传统科学普及方式不具备的感召力。2008年,中科院建立起科学普及的网络化传播平台,平台整合中科院的一系列科学普及资源,面向全体社会公众提供科学普及网络服务,逐步形成了中科院面向社会普及科学知识、传播科学思想的资源和服务体系,产生了显著的科学普及效果。

第四个阶段：创新发展期

2010年至2012年，伴随着互联网应用技术的创新和发展，网络科学普及早已不局限于用文字来进行科学普及传播，一系列新颖独特的科学普及服务形式被优秀的科学普及网站所采用。与此同时，在用户创造内容的Web2.0时代，互动式问答、科学普及论坛、科学普及社区等网络服务形式也得到了广泛的运用。

第五个阶段：转型期

2012年以来，移动互联网的蓬勃发展为互联网科学普及奠定了技术基础。网络科学普及借助移动的平台发挥自身优势，发展了基于手机终端的Wap科普网站、科普知识问答、科普短信报等虚拟产品，以及基于平板电脑的科普杂志的移动互联网科学普及应用，一经推出便获得了用户的广泛认可。但移动互联网科学普及大多是咨询性和娱乐性内容，尚未进行深入的专业划分，尤其在专业科学普及领域的应用可以说乏善可陈。因此科学普及必须紧跟互联网的发展节奏，不断整合各种创新成果以满足受众新的科学普及需求，为移动互联网科学普及的发展提供新机遇。

(二)网站科学普及发展现状

科学普及网站在提高公众科学素养中具有积极的作用。伴随网络用户的增加和互联网的普及，科学普及网站在年轻一代的科学素养教育中将发挥更加重要的作用。目前我国既有综合性科学普及网站，也有专业性科学普及网站，而且还存在众多的地方性网站。(张振克、田海涛、魏桂红，2007)我国大型综合科学普及网站主要由中国科学院、中国各省市科学技术协会与互联网相关的科研教育单位及大众媒体等主办，且主办单位以北京为主。比如，中国科学技术部政策法规与体制改革司主办的中国科普网，中科院主办的中国科普博览网，中国科协主办的中国公众科技网等等。大型综合性科学普及网站内容广泛而权威，主要涉及新闻、科技、教育、军事、旅游、宇宙、生物、汽车生活、论坛、博物馆、展览馆、实验室、政策法规、校园生活等若干个大项，其覆盖面广、贴近生活、图片数量丰富、简明直观。另外，很多网站还有众多的链接，具有科学普及咨询、动态交流、应用平台等功能，在推动网络科学普及事业的发展、形成网络科学普及的规模效益中发挥着重要的作用。

此外，专门从事科学普及的网站也占了一定比例。这类网站主要是一些非营利性机构网站、个人网站和教育科研网站。其中,各级科协、学会主办的科学普及网在非营利性机构科学普及网站中占了很大比例。专业科学普及网站按照普及内容又可分为国防电子船舶类、天文地理类、自然环保类、信息科学类、医学健康类、农业林业类和涉及其他方面的专业网站。其中,国防电子船舶网站主要是由国防科学技术工业委员会主办,既教育民众了解国防工业提高国防意识,使更多的青少年成为国防工业建设的接班人,也为中小企业及个人企业家提供专业技术指导。天文地理网站主要由国家或地方天文台、气象台等机构主办,旨在普及天文、地理知识。自然环保网站由国家和地方博物馆、林业局等单位主办,以普及生态科学、绿色环保知识为主。医学健康网站是由医疗、健康机构为普及医药、健康和卫生常识而办的专题科学普及网站。

另外,门户网站的科学普及栏目值得一提。综合性门户网站以其信息的综合性、形式的多样性、内容的专业性、互动的便捷性等优势获得网民的青睐,下设的科学普及栏目成为科学普及宣传的新阵地。门户网站作为网络媒体的中坚力量,更具科学传播的优势,也担负着科学传播的责任。比如,新浪、网易、百度、腾讯、搜狐等众多专业门户网站中都设有科普频道,内容涉及IT、科技、探索、新闻、天文航天、生命医学、自然地理、历史考古、科普生活、科学论坛、科学报道等众多方面。虽然门户网站的科学普及栏目不属于专业科学普及网站,但是其科学传播能力超过了很多专业科学普及网站。

由不同部门(系统)、地区主办的科学普及网站、综合性网站开办的科学普及频道都有相当的科学普及信息量,这构成了我国网络科学普及基础力量。在科学普及网站建设方面,地域之间的差距较为显著。相关研究表明,科学普及网站的地区分布呈现出"一个中心,一条主线"的特点。(张振克、田海涛、魏桂红,2007)"一个中心"即是以北京为中心,北京作为我国政治经济文化中心,科学普及网站建设占有绝对的比重;"一条主线"即是以沿海一带主要城市为主线分布,东部沿海地区经济较为发达,政府对科学普及事业发展的人力、物力、财力投入较大,因此科学普及网站的整体建设水平较高。

尽管科学普及网站建设如火如荼,但是也存在着诸多问题,其中最突出的便是大量科学普及网站内容重复,缺乏原创性,内容同质化严重(吴晨生、董晓晴、谢小军,2012)。刘利芳在《我国科普网站建设的问题及对策探究》一文中对国内典型科学普及网站的内容进行分析调查,发现大多数科普网站的内容原创性较低,网站内容多为转载、摘录及链接,原创内容与转载信息比例严重失调(刘利芳,2014)。可见,我国科学普及网站普遍存在创新能力不足的问题,因而科学普及网站的知名度普遍偏低,与优酷视频这样的商业性网站相比,竞争力低下,对网民的吸引力不强。科学普及网站的发展不能仅仅依靠政府努力,只有社会各界共同努力才能推动科学普及网站的良性发展。

二、社交软件科学普及应用概况

社交原本是指社会上的交际往来,而通过网络来实现这一目的的软件便是社交软件,社交软件能够让他人交互和分享信息,如Facebook、Twitter、Quora、QQ、微信、微博等。在我们国内,人们最常用的社交软件就是微信和QQ,下文主要以微信为例来介绍社交软件在科学普及中的现状。

(一)微信公众平台的科学普及传播现状

科学普及本身具有一定的专业性与严谨性,因而负责科学类传播的媒体机构或个人总体数量相对于其他领域来说较少。同样的,科学普及类微信公众平台的数量占全部行业领域内微信公众平台数量的比重也相对较低。通过对近两年已经开通的科学类微信公众号的调查,可以发现,全面应用并获得良好传播效果的科学普及类微信公众号数量较少,大部分科学普及类媒体注册微信公众号只是追随了互联网时代发展的潮流,但平台开通后的实际应用较少。科学普及类微信公众平台存在传播信息形式较为单一、传播力度较弱、内容趣味度不高等问题。

尽管微信公众平台的科学普及传播存在不尽人意的地方,但是仍有很多优势。比如,与信息碎片化、私人化的微博传播相比,官方微信号更强调知识的专业性和公共性。微信公众号的消息推送可覆盖每一位订阅用户,而订阅用户又可以比较方便地将科学普及信息发布在朋友圈或者其他网络平台上,科学普及信息可呈辐射状发布,受众面更广。在媒体界与科学界的交流合作中,我们发现,部分媒体为了追求市场效益,为了吸引读者眼球而对严肃的科学问题进行低俗化的炒作,使得科学普及知识摇身一变成了"娱乐趣闻"或者耸人听闻的"灾难性事件"。这种现象的出现,一方面说明媒体从业者科学素养有待提高,另一方面也说明媒体界与科学普及界没有进行及时有效的沟通。官方微信公众号的出现,则有效地从根源出发,打破了"媒体工作者不懂科普,科普人员不懂媒体"的困局,科学普及工作者自行发声,媒体可即时转载,这样的信息发布更为灵活准确,也不易出现知识性错漏,不会对群众造成误导。

微信公众号在科学普及传播的过程中,还承担着一定的科学普及服务的功能,这一点是以往传播媒体所达不到的,比如常见问题答疑、场馆导览、活动报名等以往需要大量人力才能应付的工作,如今可以通过程式化的电脑模块完成,不但提高了工作效率,也减少了人为因素的错误和误解。

(二)微信公众平台科学普及传播实例

在微信服务方面,中国数字科技馆和国家博物馆都走在了其他场馆的前面,率先取得良好的宣传效果,大幅提高服务效率,受到广泛赞扬。中国数字科技馆隶属"国家科技基础条件平台建设项目"之一,由中国科协牵头组织,教育部、中国科学院参加建设。中国数字科技馆把社会上已有的、分散的、各种形式的可利用科学普及资源进行优化、集成和数字化入库,搭建为全社会提供科学普及资源共享服务的平台,为提高我国公民科学文化素质服务。

中国数字科技馆上线以来,一直致力于打造全方位多层次的科学普及教育网络,也从网站、论坛、微博等方面开拓了科学普及教育的新领域,取得了较好的传播效果。在微信科学普及传播崛起之际,中国数字科技馆抓住了这一新兴的信息传播渠道,迅速建立了"中国数字科技馆"官方微信公众号,并开始应用微信的强大功能进行科学普及宣传和活动推广。中国数字科技馆的微信公众号一般推送以下几种类型的消息:第一类是最新的科技资讯,一般选取实用性较强的科技资讯,如雅安地震后发布的地震自救常识、感冒药的服用禁忌等;第二类是中国数字科技馆近期活动推荐,一般选取具有代表性的品牌活动,如"开学科学"科学普及小剧本征集活动,"科学家与媒体面对面"在线问答活动等;第三类是网络上选摘的科技新闻或趣闻,一般选取新颖有趣的新闻,如最长寿金鱼、清明微信扫墓等。从实际运作来看,中国数字科技馆微信平台的消息推送内容兼具实用性和趣味性,形式活泼多样,能够给读者留下较为深刻的印象,宣传语言生动幽默,成功拉近了读者和数字科技馆的距离。

此外,国家博物馆微信平台就是一个值得我们学习借鉴的榜样。"想了解什么参观信息,可以尽管提问哦!您可以试试以下关键词:开放时间、开放展览、展览预告、参观门票……看看是否可以解答您的疑问呢?"这是国家博物馆微信账号推送出的一段信息,国家博物馆的观众只需下载微信软件,查找国家博物馆官方微信号"ichn-museum",并添加关注,即可享受国家博物馆推出的微信服务,不仅可以了解基本的参观信息和展览资讯,还可以报名参与互动讲座的活动。官方网站、微博、微信三者相互支撑,相互渗透,其宣传效果远远大于任何一种传播手段,甚至也大于三者单向传播之和,取得了"1 +1 +1 >3"的辐射传播效果。与普通微信用户的微信聊天界面不同,国家博物馆的微信平台经过特别的设计与调整,显得更为个性化,最下方清楚地标明了"展览咨询、参观导览、服务信息"三个类别,而博得不少网友好评的"微信语音导览"服务,出现在"参观导览"这一板块。

手机微信平台不仅取代了以往需要在服务台租借的语音导览器,还扮演了"流动博物馆"的角色,通过手机微信的语音导览功能,人们足不出户,就可观赏国家博物馆的珍贵展品,成为一个"永不闭馆"的展览,理论上已经实现了"博物馆全球化"的目标。

三、科学普及APP应用概况

科学普及APP是具有传播科学知识、增强科学体验功能的工具性应用程序,它的出现成为人们日常学习科学的新途径。人们对科学需求的增加,促进了科学普及类APP的研发与更新,科学普及APP也成为科学传播的新媒体。该部分对科学普及APP的应用概况进行了调查统计,其结果如下。

(一)科学普及APP的下载量分析

下载量是反映APP传播广度的一个重要参考指标。通过APP数据分析平台,统计了各科学普及APP截至2018年12月30日的下载量,并以千、万、十万、百万、千万作为分界点,统计下载量在各个区间的APP分布(见数字资源包表1.1所示),其中"未知"是指无法在APP数据分析平台内搜索的科学普及APP。

由数字资源包表1.1可看出,科学普及APP下载量主要集中在10^3—10^4和10^4—10^5两个范围内,共有150个,占比高达61.72%;其次是0—10^3和10^5—10^6这两个范围,分别占到了18.11%和15.23%。下载量超过百万的科学普及APP数量仅11个,在收集到的科学普及APP中占比为4.53%;下载量超过千万的科学普及APP更是仅有一例,占比不足1%。整体来看科学普及APP的下载量偏低,这不仅体现在多数科学普及APP下载量不过万,而且与微信、QQ、支付宝、淘宝等占据移动应用下载榜单前列的APP相比,下载量最高的科学普及APP都与之相距甚远。这从一定程度上表明,目前科学普及APP用户群体较小,传播范围不广。此外,不同科学普及APP的下载量也相差较大,下载量最高的已经突破千万,而下载量较低的尚不过十,这表明不同科学普及APP之间,在质量和推广方面也存在着较大差距。

(二)科学普及APP的主办方分析

不同主办方由于科学普及视角、技术支持、资源获取等方面的不同,所开发的科学普及APP也会具有不同的特点。

1. 主办方类型分析

本研究参考了国内对科学普及网站的相关研究,将科学普及APP的主办方分为了信息技术企业、科协组织、科研机构、报刊传媒、科普场馆、政府机关、个人、其他、未知等9类。

经过归纳整理,得到科普APP主办方的类型分布见数字资源包图1.1所示。可以明显发现,目前国内科学普及APP主办方类型最主要的是个人和信息技术企业两类,分别有90例和67例,共占整个科学普及APP的64.60%。经过进一步分析,发现科学普及APP主办方中的个人,除了少数是热心科学普及工作的民间人士,更多的仅是能够独立完成APP开发的技术人员。这类人群的科学普及素养和能力并不高,所做的工作也多是收集网络上的科学技术信息,稍加整理和堆积,形成一个粗糙的APP,就直接呈现给用户,因此这一部分的科学普及APP整体质量偏低。信息技术企业主办的科学普及APP,相比于个人,信息技术企业不仅在技术方面占据优势,在人力、物力、财力等各方面的资源上也更雄厚,有更多渠道获取专业前沿的科学技术信息,因此此类科学普及APP整体质量更高。例如,果壳精选、星图、煎蛋等APP,信息丰富,下载量较高,传播广泛,对科学普及工作起到了积极作用。剩下的由科协组织、报刊传媒、科普场馆主办的科学普及APP都未超过20例,由科研组织和政府机关主办的更是未超过5例,这体现了社会各界通过APP展开科学普及的工作力度较小,未引起充分重视。

本研究归为"其他"的主办方,包含医院、广播电台、经营非电子信息产品的实体企业以及部分服务行业的企业等。例如,颈椎病防治宝典的开发商即是上海仁爱医院中医康复科。以上的这些主办方立足本行业信息资源优势,在进行科学普及时,能够达到很好的效果。最后,在信息整理过程中有20例科学普及APP,主办方信息不明,将其归为"未知",占到了整个科学普及APP的8.23%。这些科学普及APP大多信息量少,质量较低,难以有效地进行科学普及。

2.主办方地域分布

经过归纳,得出在中国部分地区的科学普及APP主办方地域分布见数字资源包图1.2所示。

由图可以看出,在上述地区的科学普及APP主办方主要集中在北京,共有43例,远远超过了其他地区的科学普及APP数量。其次是广东、上海两地,都超过了10例。再次是湖北、江苏、浙江、重庆等地,数量都超过了5例。剩余的地区,科学普及APP数量都未超过5例。整体来看,各地科学普及APP的数量,与该地区的经济发展水平是相适应的。

(三)科学普及APP的上架情况

由于Android系统的开源性,以及各大手机厂商为了发展需要,目前国内使用Android系统的应用商店层出不穷,这就导致应用上传和发布变得复杂化,许多APP难以遍布所有的应用商店,一定程度上限制了APP的推广和发展。

1.科学普及APP上架的应用商店数量分析

目前酷传、七麦数据、禅大师三大平台,主要关注了科学普及APP在百度、360、豌豆荚、应用宝、联想、小米、华为、魅族、VIVO、OPPO等10个品牌的应用商店的上架情况。以上10个应用商店是目前使用较多的Android类应用商店,其中华为、OPPO、VIVO更是2018年上半年手机出货量前三的品牌(中国移动互联网行业分析发展报告,2018),拥有良好的用户基础,统计科学普及APP在这些应用商店的上架情况具有较好的代表性。

最终统计结果见数字资源包图1.3所示。可以看出科学普及APP上架应用商店数量,主要集中在1至6的范围,7及以上的明显偏少。上架应用商店数量为1、3、5的科学普及APP最多,均有35个,共占总体的43.21%。整体来看,科学普及APP在各应用商店的上架率偏低,大部分科学普及APP无法被所有Android用户所搜到,这不利于科学普及工作的开展。

2. 科学普及APP上架时间分析

APP的飞速发展与智能手机的出现密切相关,2007年乔布斯发布了第一款苹果手机,开启了智能手机的新时代。次年,使用Android系统的智能手机出现,随后仅3年的时间,APP开始井喷式的增长。对我国科学普及APP的上架时间进行统计,发现相比于整个APP行业发展来看,我国科学普及APP起步时间较晚,目前整理到的科学普及APP,最早出现于2011年。

就总体趋势来看(见数字资源包图1.4所示),自2011年开始出现科学普及APP,随后的几年中上架的科学普及APP数量逐年增长,至2014年达到巅峰,这一年上架的科学普及APP共有36个,随后的几年上架数量开始下滑,2018年上架数量仅12个。其中无法收集到上架时间的科学普及APP共66个,占到了27.16%。就已知上架时间的科学普及APP来看,其发展情况呈减弱趋势。就整个APP市场而言,历年上架的科学普及APP数量波动幅度并不大,每年上架的各类APP数量高达数以百万计,每年上架的数十个科学普及APP,往往陷入已有APP的汪洋中,难以引起用户的注意。

3. 科学普及APP版本更新分析

目前,由于相关技术飞速发展,智能手机更新换代周期变短,这要求应用市场中的APP也必须随之不断更新,修复技术漏洞,这是APP保持其生命力的必要条件。对科学普及APP的版本更新情况进行统计,在2018年保持更新的科学普及APP,占比仅为20.16%,剩余的接近八成的科学普及APP在2012年至2017年陆续停止更新,而且随着时间推移,每年停止更新的科学普及APP数量略呈上升趋势。为了进一步分析科学普及APP的版本更新情况,研究进一步分析了各科学普及APP更新的持续时间,以一年作为一个时间段,统计结果见数字资源包图1.5所示。

可以看出，更新持续时间越长的科学普及APP数量越少。其中，版本从未更新过的科学普及APP数量最多，共有77个，无法判断更新持续时间的科学普及APP数量仅次于从未更新的，有67个，这两部分已经占到59.26%。剩下的能够判断更新持续时间的，以1年的居多；能够坚持更新5年和6年及以上的科学普及APP，分别有3个，共占整体的2.47%。

四、VR技术科学普及应用概况

VR为Virtual Reality（即虚拟现实）的简称，1965年由Sutherland在他的《终极显示》一书中首次提出，是一种借助计算机仿真技术实现人在虚拟环境中达到逼真体验的手段。

（一）技术的发展及其特点

VR诞生以来，经历了两次大发展，20世纪80年代以美国宇航局（NASA）为首掀起了第一次发展高潮，但受限于当时的计算机技术，这一阶段的VR主要应用于航空航天、军事演练以及复杂系统；2014年，Facebook以20亿美元收购Oculus VR掀起了VR发展的第二次高潮，由于计算机技术和显示技术的发展，最近几年以云计算、大数据融合、传感器制作水平的进步以及移动通信技术的成熟为依托，VR的应用领域逐渐扩大。（郭云鹏等，2017）目前的VR技术是一项通过计算机科学、人机交互、传感技术、人工智能等多个学科共同实现的集成技术，首先通过计算机的图像处理技术制成逼真的视觉、听觉、嗅觉效果来模拟逼真的虚拟空间，然后让参与者借助于一定的科技设备来实现虚拟和现实的交互，在体验者使用设备进行移动的同时电脑会通过与设备的移动进行匹配以保证用户的现场感。VR技术需要CG技术、电脑仿真技术、人工智能、传感水平、显示设备、网络连接技术才可以实现，主要应用于教育、军事、医疗、游戏娱乐等领域。

VR技术具有沉浸感、交互性、想象性三个特点。沉浸感：通过输出设备，VR技术能够"欺骗"用户的听觉、视觉、触觉等感觉，从而达到使用户感觉置身于VR技术所营造的场景的效果。例如通过输出设备，参与者能够在家中体验由计算机生成的虚拟沙滩而察觉不到它的真假，从而实现足不出户就能环游世界。交互性：在创造出的虚拟环境中给予用户人性化的人机交互界面和自然的反馈。想象性：在虚拟现实沉浸感和交互性的基础上,用户根据虚拟环境和人机交互产生对未来的构想,从而增强想象力和创造力。

(二)VR技术在科学普及传播中的应用

"互联网+"科学普及的主要目的是利用信息通信技术以及互联网平台,采用让公众易于理解、接受和参与的方式向大众介绍科学知识以及科学的方法、思想、精神等,这是一种社会教育。使科学普及内容被公众接受需要使用有效的技术或手段。因为VR技术具有沉浸感、交互性、想象性的特点,能够将抽象的内容变得生动活泼从而调动用户学习的积极性,所以将VR技术应用于科学普及将有利于提高科学普及的效果。目前在我国科学普及领域,VR技术主要应用于博物馆、科技馆、动物园等科学普及场所以及科学普及图书。

1.VR技术在博物馆中的应用

随着社会的发展和人们生活水平的提高,传统的博物馆展示设计理念已无法满足时代需要,卢浮宫虚拟博物馆和大英虚拟博物馆风靡全球,证明了在现代社会基于VR技术的虚拟博物馆建设对博物馆的推广至关重要。

虚拟博物馆是从参观者体验角度出发,将展示信息以多感官、多层次、立体化的方式呈现给参观者,使参观者仿佛置身于虚拟博物馆的场景中感受身临其境的意境。(吕屏、杨鹏飞,2017)例如2018年11月"第八届中国博物馆及相关产品与技术博览会"在福建省福州市举办,在"虚拟与现实"板块的设计中,故宫博物院将故宫古建筑和文物数据利用VR技术加工后再现紫禁城的金碧辉煌;再如VR技术与自然博物馆的融合形成的虚拟自然博物馆,使参观者在整个空间内不仅可以通过不同的交互了解展馆内的自然景观,也可以遥感操作,带来新的体验。利用VR技术以自然博物馆为背景设计虚拟游戏,让参观者以闯关的方式了解自然博物馆的展品,也可以调动参观者学习的热情。(王林艳,2017)

2.VR技术在科技馆中的应用

近年来,VR技术在科技馆中的尝试性应用获得了越来越多人的关注,目前的状况是,科技馆对于生命科学主题的展示普遍较为重视,生命科学主题探索几乎成为国内外科技馆中必备项目,VR技术为生命健康主题探索等科学普及展项的呈现与建设提供了新思路、新方法。传统展陈技术环境下,参观者探索自己是十分困难的,但是在今天科技高速发展的情况下,在科技展区,VR技术实现了参观者在同一时间既是研究者又是研究对象,比如参观者在模拟人体环境中探索生命的奥秘,恍若置身于真正的人类身体内部的客观世界。在科技馆展陈项目中不仅可以实现人沉浸在虚拟环境中,看到诸如人体的构造、心脏的跳动、血液的流动等一般性场景,而且在使用虚拟现实技术的特殊装置下,人可以置身于身体内部去探寻身体的奥秘。例如,在美国硅谷创新科技馆中,参观者可以看到自己身体的不同位置的温度、湿度、世界上和自己相似的面庞以及五官的重组等内容。再如,我国泰州科技馆有一个名为"血液冲浪"展项,此展项为一个环形自由度平台。参与者佩戴头戴式显示器,站在虚拟跑步机上,手持手柄控制器,参与者移动双脚,即可在眼镜中的人体血液系统场景中自由移动;挥动手上的手柄控制器,即可在场景内对黑色病毒细胞进行射击,很好地还原了人身体里的细胞遇见黑色病毒细胞的反应情景。(苏昕、王家伟,2018)

3.VR技术在动物园中的科学普及应用

VR动物园就是以虚拟现实技术为核心手段形成交互和体验,实现人、动物和自然在虚拟和现实空间里和谐共生,以达到提升动物园科学普及、科研和园区管理水平的目的,是探索动物园现代化的崭新尝试。VR动物园拥有传统动物园不可比拟的优势,它实现了虚拟扩容,突破空间、时间的限制,通过VR技术的应用,在有限的空间里让游客看到更多的动物,提升游客的游园体验。

虽然VR动物园的普及程度很低,但是VR技术在动物园建设方面有诸多优势,2018年元旦全世界第一个VR动物园——广州动物园正式面向游客开放,利用VR技术游客可以感受到原始森林的风声和味道,可以沉浸在事先制作好的虚拟情境中,观看到动物的各种活动,如嬉戏打闹、求偶繁殖等(区梓涛等,2018)。除了来园参观的游客能体验VR动物园、VR技术的独特魅力,动物园的科学普及教员还会把这项新型沉浸式的科学普及应用技术带到学校、社区,让不同的群体在足不出户的情况下,领略到VR技术与动物科学普及结合在一起所带来的全新体验。

4.VR技术在科学普及图书制作中的应用

2016年以来,随着"VR+出版"理念在国内的发展,科学普及图书积极采取跨媒体融合的发展策略,引入VR技术,除了纸质书本中的图像和文字介绍,还利用VR

技术针对书本中的核心知识点进行开发制作,其主要目的是让读者沉浸其中,获得更为真实的感受,从而提升用户体验。将VR技术应用于科学普及类图书中,拓展了科学普及图书的传播功能,优化了读者体验,契合了读者阅读需求,带动了出版产业升级。

综上,VR技术对于科学知识的普及是非常重要的,但是目前我国VR技术的发展仍存在很多问题:第一,价格低、质量差,这是我国VR产品普遍存在的问题。虽然我国兴起了许多VR相关企业,但从总体来看,这些企业大多数没有高端的VR技术创新成果和专利,制造出来的VR产品相对来说较低端,技术也不是很成熟。第二,技术的发展存在很多瓶颈,最主要的是硬件瓶颈、图像瓶颈、数据瓶颈。尽管如此,目前VR技术已经得到国家有关职能部门及高等学校的高度重视,得到我国各界人士的关注。

第二章 基于"互联网+"科学普及的国际比较

第一节 | 美国基于"互联网+"的科学普及与发展

作为发达国家的美国十分重视公众的科学素养,这反映了美国对未来竞争力的关注,也使其成为世界科学普及领域的领跑者。为加强公众对科学的理解,美国政府和国会达成共识,构建出国家科学普及事业的宏观框架,吸引各方社会力量广泛参与,共同促进国家科学普及事业的发展。

一、科学普及的组织机构与政策

(一)政府部门和机构

相关美国联邦政府没有设立专门的科技行政管理部门,政府有关科技的事务由政府相关部门和直属机构承担,美国国会也因此要求他们履行相关的科学普及职责,使其利用相对有限的经费推动大范围的科学普及工作,发挥重要的杠杆作用。

国家科学基金会(简称NSF)于1950年经国会批准正式成立,是美国独立的联邦机构,其主要任务是专门支持政府以外的非国防且非营利的科研活动和科教活动(包括科学普及内容,即非正规教育活动),是美国联邦政府确定和支持科学普及计划的主要渠道,也负责收集和传播公众理解科学的信息。国家科学基金会于1984年启动实施"非正规教育计划",自1985年起,每年4月举办国家"科学和技术周"。同时为了给广大公众尤其是青少年创造非正规的学习计划,增强他们对科学技术的兴趣,该计划已支持了数百项、多范围的权威性科学普及项目,主要包括:电视科学普及节目,科学技术领域的电影,在科学博物馆、自然历史博物馆、科学技术中心、水族馆、自然中心、植物园、动物园和图书馆等场所举办各类展览和教育活动。2014年该计划正式改名为"高级非正规STEM学习计划",旨在探索非正式学习环境下学习基于证据的科学、技术、工程和数学(即STEM)知识的方法。

国家航空航天局(简称NASA)的创始章程规定,国家航空航天局必须向公众分享它的发现。美国能源部的科学教育工作主要由其下属的实验室分担,例如,费米加速器实验室所建立的"利昂·莱德曼教育中心"。史密森学会是个独立运行的半官方半民间性质的学术机构,其80%的运行费用来自于联邦政府,故将其归为政府机构来介绍。

(二)非政府组织和机构

美国国家科学院(简称NAS)是成立于1863年的非政府性质的独立科学机构,主要由"公众理解科学办公室"和"新闻出版信息办公室"两个部门共同分担科学普及的工作任务,分别通过科学家和宣传媒体为公众提供科学普及服务,以确保为政府提供包括科学教育在内的科技工作提供独立建议。国家科学院设立的"RISE"科学教育计划,即"科学家参与教育的策略",倡导科学家和工程师积极参与并帮助幼儿园和中小学科学教育,要求科学家除了课堂演讲外,还应通过参与系统的科学教育改革、教材编写、与学生一起以实验探究为中心的共同学习以及与教师合作的方式对科学教育给予帮助,这是一套完整的科学教育体系。

创建于1848年的美国科学促进会(简称AAAS)以"促进科学,服务社会"为宗旨,是美国规模最大、学科最多的科技组织,对促进公众理解科学发挥着重要作用。其出版物《科学》杂志利用其在全球的影响力,推动着不同领域的科学教育。1989年在科学促进会的旧金山年会上举办了第一届"公众科学节",2001年科学节正式改名为"国际科学节"。美国科学服务社通过教育计划和出版物促进公众了解和重视科学,重视对青少年、教师和家长的培训。全美科学作家协会和促进科学写作委员会作为美国科学写作的代言人,负责科学宣传的写作,为专业的科学写作争取了更广泛的尊重和声望,提升了公众对科学的理解与欣赏。除此之外,美国物理学会、美国化学学会、科学家公共信息学会、美国未来的科学家和工程师协会以及许多基金会等组织和机构成为了美国科学普及事业的重要保障。

(三)政策的内涵与目标

美国联邦政府没有专门关于科学普及工作的法规或政策,但在国家战略性科技政策方面有以下几个历史性报告与科学普及密切相关,对公众理解科学有重要意义。1945年著名的计算机工程专家万尼瓦尔·布什向时任总统罗斯福提交了一份题为《科学:没有止境的战线》的报告,罗列了战后美国科技发展的框架,建议设立国家研究基金会,资助联邦政府以外的科研活动和科技活动,同时提供奖学金,培养科学家和工程师,这是美国第一份具有战略意义的国家科技政策。1947年,总统助理约翰·斯蒂尔曼的《科学与公共政策》报告强调了面向非科学人员的科学教育。1985年美国开始了致力于全面提高美国公民对科学、数学和技术素养的"2061计划",该科学教育计划在美国社会各界引起了强烈反响。它承担着改革美国从幼儿园到12年级的科学教育这一艰巨任务,希望从根本上改变美国的教育制度,从而提高美国国民的科学素养。为此,美国推出了《国家科学教育标准》和《国家技术教育标准》,为学生制定了明确的实施细则和评估方案。1994年由克林顿政府签发,国会通过并发表了《符合国家利益的科学》报告,该报告指出科技素养对于理解领会现代世界至关重要,鼓励科学家现身说法,帮助广大公众理解科学。该报告确立了美国政府科学政策的五个目标,其中第五个目标就是"提高全体美国人的科学素养",这是美国首次将提高全体国民科学素养列入国家目标。1998年由参议院科学委员会拟定的《开辟未来:走向新的科学政策》,再次强调了面向公众的科学普及。2004年白宫科技政策办公室印发的《面向21世纪的科学》小册子,分析了公众理解科学的重要意义,提出了联邦政府在科学发展方面,包括加强数学和科学教育在内的四项基本职责。

二、科学普及的内容及渠道

(一)科学普及的内容

"2061计划"要求全体美国人所具有的科学素养具体包括:了解自然世界并能够认识到世界的多样性与统一性,掌握科学的基本概念和原理,基本了解科学、数学和技术相互依赖的重要方面,了解科学、数学和技术的作用和局限性,具有用科学方法进行思维的能力,能够用科学知识和科学思维方法处理和解决个人以及社会的问题。新的教育课程也包括了什么是科学工作、科学的世界观、观察和了解科学的能力、科学的思维习惯四个方面的内容。美国著名的科学素养测量体系——"米勒体系"构建的科学素养三维描述包括:对科学概念与事实、科学过程与方法以及科学对社会的影响。克林顿时期的《符合国家利益的科学》和《开辟未来:走向新的科学政策》将公众的科学素养、科学态度和对科学的理解放在重要位置。美国"国家科学教育标准"倡导以探究为中心的科学教育。可见,了解科学知识,掌握科学的世界观,具有科学的方法进行科学思维是美国科学普及的主要内容。

公众理解科学的具体内容,主要包括自然、物理、社会、行为科学、数学、技术、工程学等学科。美国国家科学基金会的调查显示,医疗、卫生、健康、环境保护等与人们生活息息相关的领域是公众最为关注的科技话题。医学作为美国从20世纪50年代起的重点研究领域,联邦政府对健康和生物技术研究进行了大力投资,建立了世界上不可比拟的国家基地设施,也十分关注健康与医疗的普及,除了帮助公众能对常见疾病进行家庭治疗,还向公众普及克隆、人类基因组和干细胞等科学领域知识。1957年,苏联的第一颗人造地球卫星成功发射,震惊了美国科学界,空间竞争从此成为美国科学领域的重要使命,对航空航天的知识普及不仅增强了公众的兴趣,争取到公众的理解和支持,更重要的是为航空航天事业的发展培养了人才。能源与环境问题从20世纪70年代起引起了美国政府的高度重视,通过向公众进行气候与环境、能源利用的知识普及,如生态保护、全球变暖等,这无疑是通过环保宣传来提高环保意识的重要途径。除此之外,信息技术和前沿技术的发展影响着人类社会生活的方方面面,成为引领社会经济发展的主导力量,对相关知识的普及同样也可以让公众理解科学的发展。美国的青少年科学普及不仅需要普及科学知识,更重要的是培养青少年具有创新意识和能力,掌握自主发现、学习和运用知识的方法,培养青少年学习科学、探索科学的精神,并投身于科学事业。

(二)科学普及的渠道

大众传媒作为美国公众理解科学最具影响力的领域,是公众获取科学信息的重要渠道,主要包括传统的报纸、杂志和图书等印刷媒介,大受欢迎的广播、电影和电视等电子媒介,以及最具发展潜力的互联网。

美国报刊是让公众理解科学的重要的渠道。《纽约时报》每周固定推出的"科学时报"科学版面最具影响力,《华盛顿邮报》《波士顿环球报》《巴尔迪摩太阳报》等大型日报都设有科学专栏。《国家地理》《大众科学》《探索》《科学美国人》等世界级优秀的科学或科学普及类杂志具有很好的销量。不仅美国科促会的《科学》杂志专门设有通俗性栏目,还有《时代周刊》等一些学术期刊和新闻杂志也经常介绍最新的科学动态。爱因斯坦的《物理学的进化》,卡尔·萨根的《宇宙》以及斯蒂芬·温伯格的《最初三分钟》都是出自著名科学家之手的科普经典传世之作。美国著名科幻小说家、科学普及作家阿西莫夫通过妙趣横生的语言将深奥的科学通俗化,在他一生近500本著述中,《基地系列》《银河帝国三部曲》和《机器人系列》更是脍炙人口的"科幻圣经"。

电视作为公众获取科技信息最主要的渠道对青少年产生了很大的影响,美国儿童电视工作室推出的《芝麻街》《方块一TV》等成为家喻户晓的儿童科学普及节目;美国探索频道推出了《流言终结者》和《荒野生存》科学普及节目;由著名科学家卡尔·萨根担任主角的探索自然电视系列片《宇宙》以及诙谐幽默的《科学小子——比尔奈》等电视科学普及节目,都深受公众追捧。除此之外,科幻电视剧《星际旅行》、科学情境喜剧《生活大爆炸》以及科幻电影《侏罗纪公园》等诸多影视作品都与科学碰撞出了火花,引发了公众对科学的热爱和景仰。在美国无处不在的广播电台中,不仅有《最新科学报道》节目定期播出,还有很多电台会不定期播出与科学相关的内容。随着科学技术的发展,作为互联网的发源地,美国是全球互联网产业的最大参与者,很早便开始利用网络进行科学普及。

三、"互联网+"下的科学普及实践

(一)网络科学普及

互联网强大的传播能力无疑为促进公众理解科学插上了翅膀,实现了更短时间内更广范围的科学信息传播。借助互联网传播平台,网络科学普及新闻、网络科学普及图书、网络科学普及影视、网络科学普及游戏、科学社交网和数字科技馆等已成为"互联网+"科学普及的主要形态。

美国很早就开始利用网站进行公众理解科学活动,著名的旧金山探索博物馆1993年建立了官方网站,《新科学家》杂志也于1996年设立了网络版。随着现代数字信息技术的发展,政府、高校和企业等科技机构纷纷以互联网作为传播平台,设立了专门从事科学传播的科学普及网站。

除了政府部门网站,美国博闻网通过文字、图片、视频等多种可视化趣味手段,不仅向公众传播了各个领域的科学信息,还包括了贴近生活的百科知识,以实现"用最简单明晰、人人能懂的语言解密世间万物"的宗旨。高校网站中的麻省理工学院设有公共服务板块,为公众提供各种科学拓展活动资源。学术机构中的美国

科学促进会设有"新闻发布与公众参与"板块,向公众和媒体提供科学传播与普及服务,主要以信息提供以及线下活动发布为主,包括AAAS年会、公众参与科学计划、科学传播工作坊、科学家庭日等,为普通公众提供各种各样的参与科学的机会。新闻媒体网站中的美国有线电视新闻网专门设置了科技板块,包含了科学新闻以及各领域的科学信息等。

随着无线通信和网络技术的飞速发展,以及手机和平板电脑等移动通信终端的普及,移动互联网已经走进了我们日常生活,美国各科学普及机构也非常重视信息技术发展带来的知识和信息传播形式的创新。美国国家航空航天局(NASA)和国家科学基金会(NSF)等政府部门都纷纷在推特(Twitter)、脸书(Facebook)等网络服务平台建立了自己的用户和账号,许多宇航员和工程师借助航空航天工作的神秘性成为网络红人,充分地利用第三方平台快速传播科学信息,并推动NASA科学普及产品的传播。同时,NASA还推出了一款针对安卓应用程序的官方APP。

在各高校开发的科学普及APP中,纽约大学的诺亚计划(Project Noah)APP通过用户与科学家共同探究科学的过程,让科学爱好者与科研工作者以不同的角色共同参与科学研究。除此之外,美国《国家地理》杂志社和《科学》杂志社等科学普及机构均利用了移动互联网,还有一些著名科学普及网站也推出了相对应的APP,向公众推送面向移动终端的科学普及产品。

(二)科学普及产品

基于"互联网+"下科学普及产品借助数字化技术进行不断创新,逐渐从人工到智能,从单项传播向双向互动转变,将传统科普产品数字化是科学普及产品创新的形式之一。各类传统的科学普及图书、科学普及报纸和杂志纷纷数字化,推出相应的数字产品,而在传统音频和视频的基础上,越来越多的科学普及影视节目紧跟数字影视发展的潮流,如美国著名科学普及影视产品《探索》就将历年拍摄的节目做成光盘出版。

在美国,科学信息游戏化已经成为"互联网+"时代的重要趋势,科学普及游戏已经渗透到了各个科学领域。NASA网站中的儿童俱乐部是专门为学龄前儿童到四年级的儿童(pre-K to grade 4)开设的,网站采用了Flash游戏的方式寓教于乐,向孩子提供了各种与科学、技术、工程和数学(STEM)的国家教育标准一致的技能水平的游戏,如学龄前的游戏"What Comes Next?"针对四年级学生的游戏"Why Do We Explore?"。2001年美国在微软公司的资助下由麻省理工学院实施的"教育拱廊"(TEA)计划,将体感技术、增强现实等技术运用到科学普及游戏的开发中,如《环境侦探》《没有石油的世界》《免费稻米》《龙形:几何挑战》《如果月亮只有一像素》等。

虚拟现实技术(VR)起源于美国,现已经广泛运用于"互联网+"科学普及中,该技术利用仿真或虚构实验情境,给人以身临其境的体验。NASA网站也融合了虚拟技术,"虚拟地球"三维软件模型向用户提供了自由移动环境和改变观察角度与位置的功能,让用户感受地球表面不同人对于地理特征、人为特征(如公路、建筑等)或类似于人口数量抽象数据的不同看法。增强现实技术(AR)较多地集中于儿童科学普及读物上,通过与读者之间的互动激发阅读兴趣。AR与科学普及图书结合,能将文字、图片、声音、视频、动画、超链接等各种形式融合起来,给读者视觉、听觉、触觉等多重感官的刺激,转变了读者的阅读行为,增强与读者之间的互动,使科学普及图书变得更加神奇,如 *Sea life* 等AR图书。

(三)科学普及实践

美国是世界上科学博物馆事业最发达的国家,拥有航空航天博物馆、自然历史博物馆、海洋生物博物馆、医学健康博物馆以及天文馆等数百座科学博物馆,它们将青少年作为重要的吸引和服务对象,十分踊跃地开展各类科学普及活动和展览。

随着互联网的普及,美国许多实体博物馆投入了大量的网络技术,大大增强了博物馆的趣味性和公众的互动性。史密森学会下的国家航空航天博物馆展示有莱特兄弟的飞行器、阿波罗11号指挥舱、哈勃太空望远镜等模型,此外还有上百件飞机、宇宙飞船、导弹、火箭以及与飞行有关的实物。在"阿波罗飞向月球"大厅介绍了登月飞行的过程,"从神话走向科学,漫游星际"大厅介绍了宇宙形成的过程和宇航员的成就,参观者可以通过互联网技术亲眼看到银河系的产生过程。博物馆有专职人员讲解,安装了许多配有录音解说的电话听筒,设有立体电影厅和可表演各种天象和宇航景象的环形空间馆。除此之外,一些博物馆利用了惟妙惟肖的仿真技术,将声、光、电技术融于一体,以数字压缩技术、数字编码技术、传感和自动控制技术为代表的高新产品不断创新。一些博物馆,不仅通过VR和AR技术增强与参观者的互动性,还采用3D全息投影技术将展品虚拟投射到空中。

美国一些数字科技馆对实体场馆进行了全方位的数字化建设,设计成多维度、立体化的网站,并将藏品信息和展品陈列设计等通过数字化拍摄或三维模型虚拟制造等手段融入3D等展示效果,借助互联网平台让参观者足不出户便能游览科技馆。如美国旧金山探索馆于1993年建立了世界上第一个科学博物馆网站,并已逐渐发展成为世界闻名的数字科技馆,它十分强调展品的可动手性,并通过在线科学普及游戏和实验,使用户在互动的体验中获取科学知识。除此之外,虚拟展示厅已经成为一些数字科技馆的特色之一,它们利用3D技术和VR技术将科技展厅的展品呈现在网络空间,让参观者在虚拟空间模拟科技馆展览。

由纽约的科技基金会举办的"世界科学节"是自2008年起,每年夏天在纽约举办的年度科学节。其主要活动包括专家专题讨论、现场科学实验、科学辩论、多媒体演讲、户外科学展示和科学展览等。首届世界科学节强调科学在日常生活中的作用,为不同年龄段的受众准备了"神奇的量子世界"和"机器人会成为我们的好朋友吗"等各类特色活动。此后,科学节的规模逐渐扩大,活动内容囊括了物理、化学、生物、天文、地理、心理学等不同领域,活动更是邀请了著名物理学家霍金、生态学家威尔森等科学家,以及来自影视界、音乐界的艺术家参与其中。自2010年起,每两年在华盛顿举办的"美国科学与工程节"是美国最大的全国性科学普及活动,通过展览、竞赛、表演和演讲等活动激励了年轻一代对科学、技术、工程和数学(即STEM)的兴趣。

第二节 | 英国基于"互联网+"的科学普及与发展

英国是诞生牛顿、达尔文、霍金这些科学巨匠的国家,产生了《大英百科全书》这样的鸿篇巨制,有卓越的科学成果,有一批献身科技事业的开拓者,更为重要的是英国有广泛而持久的科学普及活动。在英国,科学普及又称为公众理解科学,为了增强公众的科技意识,英国政府十分重视科学普及工作。

一、科学普及的组织机构与政策

(一)组织机构

英国科学普及工作有着悠久的历史,在漫长的历史中,英国科学普及工作逐步形成三大主力军,即政府部门、议会部门和非政府机构部门。其中涉及科学传播的政府部门主要有科学技术委员会、科技办公室、英国研究理事会总会、气象办公室、卫生部、环境食品农村事务部,但政府整体宏观科技政策与管理则由贸工部负责。英国议会部门涉及科学传播的部门主要有议会科学技术办公室、上议院科学技术专门委员会、下议院科学技术委员会。以上议院科学技术专门委员会为例,其不但利用经济社会研究理事会计划,而且还利用大量其他研究和公众理解科学活动开展了科学和社会的调查,主要方向包括公众态度和价值、公众理解科学、传播不确定性和风险、公众参与、学校的科学教育、科学和媒体。非政府机构部门有英国科学促进协会(British Association for the Advancement of Science)、英国皇家学会(The Royal Society)、英国皇家工程院(The Royal Academy of Engineering, RAE)、英国社会科学院(The British Academy, BA)、英国皇家研究院(Royal Institution, RI)、英国土木工程师学会(The Institution of Civil Engineers, ICE)。英国科技中介机构有科学开发中心(Center for Exploitation),科学基金会慈善机构有英国医学研究慈善协会(Association of Medical Research Charities)和英国惠康基金会(The Wellcome Trust)等。

此外,英国政府为了支持科学普及工作,资助建立了七大研究委员会这支重要力量,其作用相当于我国的国家自然科学基金委员会。它们分别是生物技术与生物科学研究委员会、工程与物质科学研究委员会、粒子物理与天文学研究委员会、医学研究委员会、自然环境研究委员会、经济与社会研究委员会和中央实验室委员会等。根据英国政府的要求,七大委员会的共同目标就是促进公众对相关科技领域的了解。

(二)代表性组织

英国近年来在科学普及领域取得的成就在很大程度上和英国科学促进协会、大不列颠皇家科学研究与普及所、英国皇家学会、公众理解科学委员会的扎实创新工作密切相关。这四大机构是英国最活跃、最具影响的综合性科学普及组织。

英国科学促进协会,现已更名为科学协会,创始于1831年,其目标是促进公众对科学的进一步了解——包括科学的基本原理、程序及可能产生的后果。协会实现目标的管理措施是组织会议、大会和讲座,与其他科技团体进行合作,支持科研和科学资料的出版工作。1968年,在协会内成立了英国青年科学促进会,通过组织"科普博览会"等一系列科学普及活动推动青年科学家的成长。协会重视国际合作交流,每年的年会都会有国外科学家参加。协会设有培训科学家如何与公众进行有效沟通的"视点"项目,该项目首先在全国范围内选择科学家,对选中的科学家进行科学普及方式方法、交流沟通技巧的培训,之后会将他们的科学普及作品在英国科学协会举办的科学展上展出,让科学家在现场与观众进行解说交流。

皇家科学研究与普及所是1799年由戴维和法拉第建立和发展起来的古老的独立研究机构。该所自建立以来,一直非常重视科学普及工作,是世界科学普及事业的开创者之一。RI的研究工作在其戴维·法拉第实验室进行,15名诺贝尔奖获得者曾在这家实验室工作过,该所取得了很多杰出的科学成就,目前主要从事固态化学研究。在RI科学技术普及享有与研究活动同等重要的地位。RI最悠久也最具影响力的科学普及活动是每年圣诞节期间在RI讲演厅举办的圣诞科学讲座。

英国皇家学会(the Royal Society),全称"伦敦皇家自然知识促进学会",成立于1660年,其宗旨是关注科学前沿,支持顶尖科学家、工程师和技术人员,提供媒体和传播培训,以及教育合作伙伴资助,其目标是与公众一起促进科学发展、影响科学政策、开展科学问题辩论。它是世界上历史最久而又从未中断过的科学学会之一,目前拥有1600位研究者和外国成员,其中80位为诺贝尔奖获得者。英国政府为学会经营的科学事业提供财政资助。学会没有设立自己的科研实体,但学会对英国科学政策的制定起着一定作用,而且会经常就科学事务问题参与公众讨论。此外,学会还有确认优秀的科学学识与研究、奖励和促进国际科学交流、组织并推动科学教育和科学普及工作、致力于科学史工作等任务。

在英国政府的支持下,1985年英国皇家学会、大不列颠皇家协会和英国科学促进会共同发起成立了"公众理解科学委员会"以加强科学普及工作。该委员会由来自教育、科技、大众传媒、博物馆、政府等部门共约20名成员组成,每年春季或秋季召开一次会议。为确保能反映国内公众理解科学领域广泛的新观点,该委员会每年选拔评审成员一次。

(三)政策的内涵与目标

随着公众在科学技术社会中的地位越发凸显,英国政府对公众参与科学技术的政策也越发关注。在英国,虽然没有制定专门的法律要求科技项目必须增加科学普及任务,但在英国政府为科学技术和创新发展所制订的各种计划和白皮书中却有关于科技传播策略和方针的内容。

在《博德默报告》的影响下,"PUS"被纳入政府所考虑的问题范围,在1993年英国政府颁布的《实现我们的潜能》中,第一次把提高公众对于科学技术以及公众对于国家繁荣和利益所做出的贡献的认识作为战略写进政府白皮书,并将科学普及与英国"科学与技术办公室"的职责联系起来,改变了政府科学普及工作薄弱的状况。此后,政府主要采取"自上而下"的模式向公众传播科学知识,即由科学家借助媒体向公众传播科学知识。从1994年1月开始,科学普及成为政府的一项重要工作,英国政府在1月份全面启动了"公众理解科学、工程和技术计划",由贸工部科技办公室负责实施。与此同时,英国七大研究委员会也担负起相应的科学普及职责。

1995年,英国贸易与工业部科学技术办公室的"评论科学家和工程师对公众理解科学、工程与技术的贡献委员会"发布了《沃尔芬达尔报告》,强调了公众理解科学应该是"公众理解科学技术与工程(PUSET)"[1]。政府意识到应该让公民感受到科学正在服务于社会,在服务的过程中是可以被适当规范和开发的。

2000年英国上议院发表《科学与社会》报告,提出一项叫作《公众参与科学技术》(PEST)的新战略。这是科学家与公众交流方式的重大转折:从"自上而下"的

---

[1] 李正伟,刘兵. 对英国有关"公众理解科学"的三份重要报告的简要考察与分析[J]. 自然辩证法研究,2003. 19(5):70-74.

模式变为双向沟通的交流模式,让公民进一步参与到关于科学技术发展和应用的决策过程中来。同年7月份英国政府发布白皮书《辉煌与机遇——21世纪的科学与创新政策》,政府科学普及工作的重点转向公众参与科学以及科学家与公众之间合理对话的新模式。2004年7月,在《2004—2014科学与创新投资框架》中再次提到要关注与公众的联系和提高公众对科学技术的信任。2008年,BIS发布了《2008年科学和社会的愿景:对英国新战略开发的咨询》报告,报告指出"科学与社会"的愿景是促进公众对科学产生兴趣,重视科学对社会和经济健康发展的重要性,并能自信地使用科学以及支持科学工作者的队伍建设。此外,18世纪末,英国政府就制定了《博物馆法》,确定其公益法人地位。1988年出台的《英国1988教育改革法》,将科学课列为核心课程,放在基础课程中仅次于现代外语的位置。

总体而言,英国政府的科学普及工作注重发展一种各有关利益方相互协调的机制,使科学走向民主化,确保科学为公民的健康和福利服务。

二、科学普及的内容及渠道

(一)科学普及的内容

英国是世界近代科学的主要发源地,"公众理解科学"(public understanding of science,简称"PUS")这一概念可以追溯到英国20世纪80年代的《博德默报告》,可以说是公众理解科学这一概念形成的标志。在这份报告中,"科学"是被广泛定义的,包括数学、技术、工程和医学,也包括对自然界的系统调查及从哲学调查中所得知识的具体运用;"理解"不仅包括对科学事实的理解,也包括对其方法和限度的理解,以及对其实际影响和社会后果的理解;而"公众"则主要是科学界之外的公众。这份报告第一次明确定义了"公众理解科学"。

根据英国最古老、最有影响的专业科学普及组织——英国科学促进会的部门设置,可以看到"科学"一词的内涵也在不断延伸,不仅仅是自然科学,同时也包含人文社会科学。科学促进协会的任务是促进对科学技术的理解和发展,并阐明和增进科技对文化、经济和社会生活的贡献。科学促进会下设农林、人类学、考古学、生物科学、化学、经济学、教育、工程、普通科学、地理学、地质学、科学史、数学、医学、物理学、心理学、社会学与社会政治共16个专业部门和1个学生组,并通过这些部门与国内和国际上的各科学专业组织保持密切联系。在众多科学普及内容中，值得一提的是英国的环境科学。英国是世界上最早提出应对气候变化、发展低碳经济的国家之一，在实践中制定并形成了应对气候变化的政策体系。在英国贸工部的年度报告中曾提到：公众对环境科学的兴趣仅次于对医学科学的兴趣，位居第二。[1]

在当前欧洲各国关于社会中科学作用的讨论中，处于主导地位的20个话题是：能源和气候变化、研发政策、生物技术、学术职业、资助体系和结构、环境、创新、科学传播（科学教育）、高等教育制度改革、健康、全球化和知识社会、科学精神、信息和传播技术、核技术、纳米技术、研究的评估、竞争性认知模式、农业、公众参与、神经科学。可见，科技发展在经济竞争和社会条件、健康、环境和可持续发展方面发挥着重要作用，科学已经渗透到社会的方方面面。

(二)科学普及的渠道

英国是一个媒体饱和的社会，各种媒介都参与了科学传播，主要包括报纸、杂志、广播、电视和网络。目前英国有11份全国性日报，这11份报纸传统上被分成两类：一是大报，如《泰晤士报》《每日电讯报》《卫报》《金融时报》《独立报》《观察家报》，每种大报都有科学专栏和科学记者；二是小报，如《太阳报》《每日镜报》《星报》《每日邮报》《每日快报》等。在英国的时事杂志中，《新科学家》是为英国科学界服务的最主要周刊，此外还有关注环境问题和哲学的《生态学者》，关注未来学、新技术的《焦点》等。

在很长时间里，英国BBC都是英国科学传播的主要广播媒介，其中最具特色的科学传播节目包括：关于环境保护的节目《消耗地球》，关于科学历史的节目《在那时候》，追忆和回顾伟大科学家及技术发明的节目《站在巨人肩上》，为了消除自然科学和人文科学两种文化鸿沟的节目《开始的一周》。在英国，电视在科学传播的媒介中扮演着非常重要的角色，英国所有的主要的地面电视频道都有科学新闻记者，大众时事节目如BBC的《全景》《晚间新闻》也从社会政治角度关注科学。在英国独立的电视频道中，第四频道对科学传播的贡献最大，每年大约要提供100小时的科学节目。

---

[1] 赵立新,佟贺丰.国际科普形式与发展[M].北京:科学技术文献出版社,2007:77.

当今世界处在一个特殊的时期，互联网开始渗透到各行各业，"互联网+"推动了传统行业的转型升级，随着时代的发展，网络已经在很大程度上代替了传统的传播媒介，成为了人们获取信息的主要渠道。

三、"互联网+"下的科学普及实践

(一)网络科学普及

在英国，传播科学的网站主要包括以下几类：一是门户类网站，二是媒体类网站，三是科研机构类网站，四是科学共同体网站，五是高校网站，六是政府网站等。

英国广播公司（BBC）是英国最大的新闻广播机构，该媒体公司也有自己的网站。网站主页上共有19个板块，其中与科学相关的有新闻板块、食品板块、科学板块、自然板块等（比例在20%左右）。在科学板块中除了发布最新的科学新闻之外，还有太空、地球、BBC实验室、人体、科学测试、睡眠科学以及开放大学等固定板块，其科学内容十分丰富。特别是在科学测试板块中，BBC为正在学习科学的在校学生提供了一系列指导，比如核心课程、额外的课程、科学视频，甚至游戏等，这些学科包括艺术设计、商业、设计和技术、戏剧、地理学、历史、信息通信技术、数学、物理、科学等。

英国研究机构的网站上有丰富的科学内容，以英国研究理事会为例，其网站的内容主要包括英国科学、科学政策、科学与社会、气候变化等板块。英国研究理事会有专门的公众参与板块，主要介绍公众参与科学研究的主要策略、倾听公众的声音、在研究中纳入公众参与、学校教育和青少年的参与等方面的内容。

英国皇家学会作为科学共同体的典型代表，在网络科学普及方面也发挥了重要的作用，实现线下与线上的融合。作为一个专业的科学普及机构，皇家学会网站上共有16个板块，其中与科学普及相关的板块有8个，包括皇家学会新闻、活动（视频、公共演说、科学会议、夏季科学展）、政策板块（报告和出版物）、图书馆（展品、图片馆）、培训板块（科学普及和媒体技能）、教育、出版物以及社会媒体（Twitter，Facebook，YouTube）。

除了以上三个典型的科学普及网站，英国还有其他一些极具代表性的网站，比如以剑桥大学为例的高校网站，以英国国会网站为例的政府网站，当然还有一系列

开展网络科学普及的机构和组织,其中就包括于2002年成立的英国科学媒介中心。除此之外,英国从事网络科学普及的媒体还有BBC News-Science and Environment、First Science、Guardian Unlimited Science Website、European Science News、New Scientist、The Science and Development Network(SciDevNet)等。

随着移动互联网的发展,相比网站传播科学,移动客户端的传播显得更加便捷,受众可以利用碎片化的时间打开移动端浏览。英国的众多科学普及网站都建设有自己的APP。以英国皇家化学学会为例,在网站建设的基础上还开发了多款不同的APP供不同需求的人使用,比如ChemSpider、Periodic Table、Elements of Nutrition,等等。英国科学APP涉猎的内容范围很广,比如有与生物科学或技术息息相关的LepSnap、Mammals、Mitosis、3D Cell、3D Brain等,与化学相关的APP有The Elements等,与物理相关的Sound Uncovered、Touch Physics等,与数学相关的Mathspace等,与地球环境相关的Moon Atlas、Earth Viewer等,与天文相关的Sky-View、SkySafari 4、Hawking's Snapshots、Wonders of the Universe、The Night Sky、Pocket Universe、Redshift等。英国的众多APP中,有很多采用了3D技术,增强了视觉效果,深受公众喜爱。

移动互联网的发展催生了新生的自媒体,据相关研究,英国科学普及网站链接数量前五的社交平台分别是Twitter、Facebook、YouTube、Instagram、LinkedIn、Google+,其中Google+与LinkedIn并列。英国几乎所有的网站都拥有Twitter、Facebook账号,而YouTube、Instagram、LinkedIn、Google+也都是重要的用户互动社交平台。

(二)科学普及产品

谈到新媒体时代的科学普及产品,人们首先想到的是科学普及数字化,传统的报刊科学普及或者影视科学普及作品都可以转化成数字化产品,但在某种程度而言只是最后的传播载体变化了而已,"互联网+"时代下的科学普及作品应该是利用新媒体技术让作品具有互动性与游戏化、虚拟化与模拟化等特点,科学普及游戏和科学普及视频都是新时代下的作品,特别是科学普及游戏。Galactic Genius with Astro Cat、BioBlox、Tinkerbox都是英国有一定代表性的科学普及游戏。

Galactic Genius with Astro Cat 是一款空间主题益智应用程序，也是 Professor Astro Cat's Solar System 的进一步跟进开发，主要针对6—11岁的青少年，应用程序共设计有六款游戏，用来锻炼玩家的逻辑思维、注意力、记忆力和速度，其中有令人心旷神怡的事实，还有50个难度等级，内容十分丰富。BioBlox 是由两个伦敦大学的科学家开发的免费俄罗斯方块式游戏，主要是让公众知道生物学中最棘手的问题。BioBlox 的开发主要是受蛋白质对接问题的启发而打造的——研究药物和维生素等分子如何与人体内的复杂蛋白质结合，同时这款应用还有一个3D版本的游戏，创作者的初衷是希望将其用于公民科学项目，以解决现实世界的蛋白质对接问题。Tinkerbox 是一个有趣的物理益智游戏应用程序，它不仅充满了有趣的科学知识，同时也教授了一些基本的工程概念。TinkerBox 不仅仅是教育，同时也注重创造力和想象力的培养。另外，有一款物理趣味游戏 APP 叫作 Cat Physics。

在英国，VR 与其他技术的结合为医疗、国防和建造等传统行业做出了很大的贡献。随着虚拟现实技术的不断普及，VR 应用所涉及的范围也越来越广。诺丁汉郡的消防与救援服务中心于2016年创建了一套基于 PC 的虚拟现实场景事故指挥系统。该应用系统架设在两个房间之内，学员们的训练环境通过投影仪显示出来，他们不仅可以在房间内来回走动，还能够产生交互。培训师则伪装成火灾现场的遇难者，与戴上 VR 头像的消防员们进行对话和互动，以达到更为逼真的现场效果。这一技术的应用推广可以增强公民的消防应急避险知识。埃克塞特大学研究人员、相关技术公司以及来自核电行业的专家合作组建了一个名为"Cineon 培训"的机构，模拟培训安全风险较高的作业。

一家英国著名科学普及出版社 Carlton 出版的《科学跑出来》把少儿科学普及与全球顶级 AR（增强现实）技术结合。让科学从书里跑出来——在玩游戏的同时，帮助孩子成为生物专家。《科学跑出来》主要针对的受众是7—10岁儿童，用户只需要提前在自己的手机或 pad 上装好 iDinosaur AR、iScience AR、iSolar System AR、iStorm AR 等 APP 即可。此外，AR 技术在 APP 中也有广泛应用，以 Anatomy 4D（人体解剖4D）为例，APP 使用了增强现实和其他尖端技术创造了惊人的虚拟人体旅行，是一款简单易用且能够让用户了解人体构造的软件，利用手机屏幕呈现出细致的人体结构，从骨架到血管和内脏等。用户只需要打开软件，用摄像头对准下面的应用截图,就会发现一具人体标本已经呈现在手机屏幕上了,并可以对其进行放大和探索,可任意地翻转观察。Cyberchase 3D Builder、Amazing Space Journey、The Brain AR 等都是一些典型的 AR APP,这些 APP 既让科学更加身临其境,也为科学教育注入更多活力。

(三)科学普及实践

分布在英国各地各式各样的科技博物馆和科技中心,作为进行非正规科学教育的重要场所,起着无可替代的独特作用。过去,英国的科技博物馆主要功能是收藏、展示各个历史时期对人类社会产生重要作用的科技文物,如瓦特改进的蒸汽机、阿克赖特发明的纺纱机、斯蒂芬森的"箭号"蒸汽机车等。随着高新技术的发展,英国科技博物馆的展品内容也发生了重大变化,如今更加重视反映当代高新技术、前沿科学和最新科技的展示,并经常更换。现如今,传统的科技博物馆一改往日静态展览方式,越来越多地引进交互式内容。如伦敦科学博物馆就于1986年率先开设了交互式展馆。该展馆的若干件交互式展品都可动手操作,趣味性很强,活动内容包括实验、演示、猜谜等,非常吸引人。在这之后,伦敦科学博物馆在1995年又分别为3—6岁、7—11岁和12—19岁的青少年儿童开设了"花园""事物"和"广播"交互式展馆。

与此同时,英国科技类博物馆网站不仅为实体场馆服务,更是对实体馆功能的拓展。网站包含一些无法在实体场馆中现场获取的内容,网站内容与实体场馆的展览或活动相互补充,使网站信息更丰富,扩展了实体场馆进行科学教育、科学传播的时间和空间。英国科学普及网站的建设使用了远程观测技术,让公众可以更直接接触了解科学,如英国的自然历史博物馆,公众通过互联网平台就可以观测许多动植物及了解其相关信息。此外,英国自然历史博物馆常年组织开展各种了解大自然的活动,对有兴趣深入探索自然科学者,还会为他们组织在英国或国外的野外考察。

英国作为最早提出"公众理解科学"的国家,拥有丰厚的科学资源和文化历史,每年都有形式各样的大型科学活动,其中比较著名的有四项:英国科学节、英国科技周、爱丁堡国际科技节、英国剑桥科学节。英国科学节始于1831年,是英国科学促进协会每年一次的年会。早期的年会主要是科学家宣讲新观点、对新发现和新发明展开辩论的聚会,20世纪以来便将重点转向了通过学术讲座和展会向青少年介绍科技成果和普及科技知识。爱丁堡国际科技节始于1989年,由爱丁堡市议会和苏格兰行政院发起,于每年3月底至4月初举办,为期两周,为了能让尽可能多的市民参与,活动一般与当地学校的复活节假期同步。英国剑桥科学节自1994年起于每年3月举行,是英国最大的全免费科学节,是剑桥大学的教授在当地企业的资助下举办的。

第三节 | 澳大利亚基于"互联网+"的科学普及与发展

从20世纪80年代末澳大利亚就非常重视科学传播,并逐渐把科学普及与国家的经济建设和可持续发展密切联系在一起,最终科学普及与科学传播成为国家科技政策不可分割的组成部分,因此澳大利亚的科学传播无论是在理论研究上还是在实践方面都走在世界前列。

一、科学普及的组织机构与政策

（一）组织机构

制定澳大利亚科学传播政策的主要政府部门是澳大利亚工业部,该部门于2013年9月18日成立,利用澳大利亚工业、能源、资源、科学和技术推动澳大利亚经济的增长以及生产力和竞争力的增强,这是澳大利亚工业部的主要任务。2013年3月25日,澳大利亚工业、创新、气候变化、科学、研究和高等教育部(DIISRTE)成立,后来改组成为澳大利亚工业部,它的主要职责是通过与企业、科研机构、高等教育部门、政府其他部门和更广泛的社区的合作,提高经济生产率,确保澳大利亚在全球竞争激烈的低碳经济中取得繁荣,创建经济效益和社会效益,促进经济创新,使企业、产业和劳动力的成果转化。教育部、卫生部和农业部等相关的政府机构也参与科学传播政策的制定。

总理科学、工程和创新理事会(PMSEIC)是向政府提供科学和技术发展建议的政府科学咨询机构,它就理事会的项目和优先事项咨询企业、大学、国家首席科学家和其他利益相关者。对于短期项目,首席科学家将根据专家意见,向政府的政策制定提供进一步的科学建议。对于长期项目,首席科学家将委托澳大利亚学术研究院委员会(ACOLA)进行深入跨学科的研究,并提交关于需要进一步研究和咨询的长期问题的报告。ACOLA由澳大利亚科学院(AAS)、澳大利亚技术科学和工程院、澳大利亚社会科学院和澳大利亚人文科学院这四个学术研究院组成。其职责是提出澳大利亚当今在科学技术、经济、公益、教育、未来产业、就业、保障和可持续发展等方面所面临的重大问题,为澳大利亚科技资源和基础设施提供有效支持,提高澳大利亚社区对科学和技术在促进经济和社会发展中重要性的认识。

澳大利亚众议院和参议院行使立法或修改现有法律的权利,并监督政府的行为,其下属机构中与科学传播政策制定相关的委员会有众议院农业和工业委员会、环境委员会、教育与就业委员会和健康委员会等,参议院教育与就业委员会、环境和交通委员会等。澳大利亚一些研究机构和社会组织对澳大利亚科学传播政策的制定也有影响。如联邦科学与工业研究组织(CSIRO)、澳大利亚海洋科学学院(AIMS)、澳大利亚核科学与技术组织(ANSTO)、澳大利亚土著和托雷斯海峡岛民研究院(AIATSIS)、澳大利亚国立大学公众科学意识中心等研究机构,直接影响政府的科学传播政策。除上述机构以外,澳大利亚还有些社会组织也对科学传播政策的制定有推动作用,如科学与环境传播服务社。

(二)代表性组织

澳大利亚国家公众科学认知中心(CPAS)是澳大利亚最古老的学术科学交流中心,同时也是世界上最多样化的科学交流中心。1996年,CPAS是隶属于澳大利亚国立大学的学术中心,其任务是提高社区科学意识,促进公众讨论与科学相关的话题和提升科学家沟通技巧,在全国范围内促进现代科学惠及民众[1]。该中心就科学在公共领域的传播方式开展调研,开发民众认识科学的新途径,并且鼓励民众探索解决21世纪科学焦点问题的方法。

---

1 格拉汉姆·杜兰特.科技博物馆的"科普外交"[J].自然科学博物馆研究,2018,3(1):67-72.

澳大利亚国家科学技术中心作为国家科技馆通过启迪式学习体验的方法激发和激励学生。国家科技馆包括位于堪培拉的馆属科学中心、伊安·波特基金会技术学习中心、一系列巡回展览和世界一流的非正式学习参与计划。国家科技馆的核心产品是可亲自动手体验的展品、科学秀、科技展以及参与感极强的人性化互动项目。国家科技馆开展的各项活动以堪培拉为基地,并在澳大利亚各地推广,每年通过多种合作形式使数以百万计的澳大利亚民众参与进来。国家科技馆也在科学中心领域的国际交流中发挥重要作用。国家科技馆的运营主要通过政府资助、门票收入、店铺销售、展览会租赁和赞助来维持。待全新的国家科技馆基金会建立后,便可依靠慈善捐赠将国家科技馆的服务覆盖范围扩展到更多的孤立社区。

澳大利亚联邦科学与工业研究组织(简称科工组织)于1926年由澳大利亚国会特别立法成立。科工组织是澳大利亚最大的国立科研机构,隶属教育、科学与培训部。作为世界上最大、科研内容最具多样性的全球科学组织之一,其研究内容涉及澳大利亚生活的各个方面:从构筑生命的分子到空间分子。他们的主要工作是提供新方法改善生活质量,通过科研和发展促进工业部门的经济和社会效应。科工组织在全国主要城市设立10个科学教育中心,这些中心就像是动手型科学实验室。科工组织在实施"科学教育计划"的重要举动是筹资550万澳元兴建发现中心,并于1997年建成[1]。

(三)政策的内涵与目标

澳大利亚专门的科学传播政策文本为2010年2月8日公布的《激励澳大利亚:一项参与科学的国家战略》报告,根据该战略成立的6个专家工作组公布了研究报告和实施文件,以及国家"公众意识和参与计划"。

《激励澳大利亚:一项参与科学的国家战略》是由澳大利亚政府的工业、创新、科学、研究和高等教育(DIISRTE)等部门协调领导的国家公众参与战略,介绍了有效传播科学对于澳大利亚至关重要及需要国家领导协调一致行动的原因和所面临的挑战,提出联邦政府、司法管辖区、私营部门和社区组织之间的合作与协作框架以及15项主要原则和建议。主要原则包括一项新举措、愿景和优先设置、领导、为澳大利亚成就而自豪、加强媒体在传播科学中的作用、利用网络建立伙伴关系等。

---

[1] 陈江洪.澳大利亚联邦科学与工业研究组织的科学文化传播[J].现代情报,2008,28(4):223-225.

总体来说,这些原则和建议从国际认可度、公民认识、科学人才培养、科学传播国家方法和研究评价五个方面阐述了其战略。在国际认可度上,澳大利亚认为自己是一个在科学领域高效能的国家,需要得到国内和国际的适当认可和表扬,因此要加强科研机构的研究成果与公众分享的力度,以帮助全面实现科学研究给社会、经济、卫生和环境带来的利益,从而赢得持续的公众支持和国际合作伙伴的认可。在公民认识上,所有澳大利亚人无论其所在的地理位置、所属种族、年龄或社会条件,其潜能和兴趣均应得到发展,即需要让所有澳大利亚人参与,形成科学参与的社会文化。在科学人才培养上,为培养有能力的科学劳动力,推进《澳大利亚政府创新议程》,学生需要加强科学和数学经验,以确保专业人才的充足供应,加强澳大利亚的创新能力。从国家层面,在科学传播方法上要建立国家领导和协调一致的行动,采用"国家框架—地方行动"方法,涉及科学传播、食品卫生健康、环境、科学教育和能源等5个内容主题,在专门科学传播政策中,也针对其国内的海洋科学、土著知识等独特科学制定了具有针对性的科学传播政策。

二、科学普及的内容及渠道

(一)科学普及的内容

"激励澳大利亚"项目委任成立了由科研、娱乐、新闻、杂志、新媒体、教育和科学传播领域的专家组成的科学与媒体专家工作组,以审查在澳大利亚媒体中科学普及工作的状况,提供关于如何支持科学家的科学传播和媒体培训的建议,加强媒体在传播科学中的作用。该工作组由澳大利亚科学媒体中心首席执行官艾略特(Susannah Eliott)博士主持,并于2011年3月公布了报告《科学和媒体:从理念到行动》。该报告提供了26个建议,覆盖以下6个主题,即总体建议、普通节目、支持科学家参与媒体、支持报道科学的记者、公共资助研究公布的透明度和在校学生和媒体中的科学。

2011年,澳大利亚将各类专家汇集起来组成一个澳大利亚热带地区参与专家工作组团队,研究澳大利亚北部热带地区问题。该工作组就"激励澳大利亚"项目中的"澳大利亚社区参与""建立伙伴关系"和"发掘澳大利亚的全部潜力"三方面,制定了一系列旨在加强国家热带地区科学参与的建议。澳大利亚海洋科学专家工作组由"激励澳大利亚"项目委托,澳大利亚海洋科学学院(AIMS)领导,由来自专业科学传播机构、科研机构、产业部门、媒体和土著人民、倡导和慈善事业的机构、教学和海洋教育机构、行业组织、专业协会、州和联邦政府部门、博物馆等私营或公共部门的专家代表组成。

(二)科学普及的渠道

澳大利亚很少使用科学普及的说法,经常使用的是"公众科学意识",更一般则使用"科学传播"。澳大利亚从20世纪80年代开始重视科学普及,于1989年启动了"科学技术意识计划",拨出专款支持科学普及项目。2001年推出"澳大利亚能力支柱计划",科学普及被列为专项内容并立项。2010年发布"激励澳大利亚"计划,投资500万澳元作为"释放澳大利亚的潜能竞争性资金",资助各类科学传播机构,针对不同的受众、区域和专题开展提高公众科学素养的活动。

据调查显示,澳大利亚公众获取信息最主要的渠道分别是电视、报纸和广播(对于年轻人群,网络也是一个主要渠道)。同时,公众对于公共媒体的信任度很高。因此,澳大利亚在科学传播方面特别重视媒体宣传的作用,着力建立科学家和媒体之间畅通的沟通渠道,很好地发挥了媒体在传播科学知识及引导公众热爱科学等方面的作用(王大鹏,2013)。例如,澳大利亚最大的国家级科研机构——澳大利亚国家科学与工业研究组织(CSIRO)设有专门的科学传播部门。澳大利亚还建立了独立的科学中心(ASMC,Australian Science Media Centre),这是一个非营利的公共服务机构,专门负责面向公众开展科学传播工作。其目标是通过加强澳大利亚科学界与国内外各类媒体记者的联系,促进公众对科学的了解。科学中心建有一个与媒体交流的科学家数据库,可以直接向媒体提供科学知识以及专业意见。

三、"互联网+"下的科学普及实践

(一)网络科学普及

ASMC成立于2006年,其网站核心内容是科学新闻及科学家评论,并且分别为新闻记者、科学家和媒体官员提供专用入口和相关科学普及知识。例如,针对媒体记者有科学报道技巧、果核里的科学、与媒介中心合作;针对科学家有媒体中的科学报道、科学评论技巧、理解媒体、与媒介中心合作;针对媒体官员有相关培训和建议。

CSRIO成立于1928年,隶属于教学科学培训部,是一个专业的科学研究和传播机构,拥有一个媒体中心,在全国设有九个教育中心,其网站上绝大部分内容都属于科技内容。这些科技内容可分为三类:一是关于CSRIO自身的研究项目和基础设施,占总体内容的四分之一左右,这部分内容有丰富的外部链接;二是由媒体中心发布的科技新闻,占总体内容的五分之一左右,其中一半以上是由CSRIO自身发布的新闻;三是为青少年、教师和家长提供的课堂教学、科学实验、家庭教育、科学普及活动信息、科技职业简介等,相当多的内容链接到CSRIO开展的各类科学普及活动(如科学俱乐部),或向其推荐CSRIO出版的科学普及期刊(如《双螺旋》),这部分内容约占总体内容的一半。

Questacon成立于1988年,隶属于教学科学培训部,是澳大利亚最大的科学技术博物馆。由于科技中心自身的研究与非正规教育属性,其网站科学普及内容主要面向教育者、在校学生和一般公众,包括教育资源、学习资源、展品科技背景知识等。其中包含四大类科技信息:一是科技中心举办的展览、讲座和其他活动信息,以及科技中心举办的全国巡展和校园拓展活动信息(如科学马戏团、Q2U俱乐部等);二是向青少年、教育者和家长推荐的各类参观、展览、科学实验和科学普及活动信息;三是其技术学习中心的一些模型制作简介;四是科技中心在国内和国际科学传播领域的职能和活动介绍。这四类科技信息各占四分之一左右,主要为各类人群参与各种科学普及活动提供资源向导。

澳大利亚皇家学会是唯一一家科学共同体背景的科学传播权威机构,其网站核心栏目是"一周科学"(Science in a Week),配以视频及文字解说,还有科学博客、媒体新闻,以及媒体问答反馈内容。另外,其网站上有科学教育项目的内容简介,以及相关讲解视频,并为注册会员提供多种科学普及资源包和相关资料下载,包括教育资源包、图书馆资源包、STEM就业资源包等,皇家学会的网站上的科学普及内容超过80%。

(二)科学普及产品

澳大利亚广播公司(ABC)是国家公共广播机构,向澳大利亚和全球提供电台、电视和互联网服务。在其官方网站上,包括20个一级栏目,其中有5个栏目与科技或科普内容相关,包括科学、在线教育、健康、技术、游戏和青少年。科技和科普内容约占25%,其中科学栏目包含大量天文、环境、生物和地理等方面的科普知识,呈现形式包括图片、视频、新闻、评论等;在线教育栏目主要面向青少年、家长和教师,超过70%的内容均针对青少年设计,含有丰富的多学科(英语、数学、科学、历史、地理)、多形式(视频、游戏、图片、科学实验)等互动内容,强调启发性和参与性。青少年栏目面向16岁以下青少年,以动漫和游戏等互动内容为主,旨在激发青少年的学习兴趣。

澳大利亚ABC广播公司网站的科学频道开设游戏栏目,目前包括27个互动小游戏,游戏的选题主要从公众关心的科技热点问题出发,以自主研发和外包的形式制作(曾敏,2009)。其中由ABC公司与澳大利亚联邦科学与工业研究组织联合制作的Catchment Detox游戏,让游戏者对种植庄稼、砍伐森林、建设工厂或是国家公园等事务进行决策,在全球气候变化下治理环境问题,保障经济的持续发展,同时让公众了解水资源的重要性和如何合理利用水资源。该游戏网站被澳大利亚互动媒体工业协会评为2008年最佳科学、健康和环境类网站。

(三)科学普及实践

澳大利亚科学普及场馆建设成绩很不错。全国共有14个科技中心(科技馆),遍布每个州,平均每150万人就有一所科技馆。政府财政除了在科技中心兴建时给予拨款外,每年都拨专款用于科技中心的科学普及活动。如在2009—2010年,政府为澳大利亚国家科技中心提供了1130万澳元的预算支持。该中心以促进公众对科学技术的理解为宗旨,目标是提供世界一流的公共科学普及教育活动。中心有6个设施齐全的常设展室,其200多个"触摸"式的展览让人充分领略科学的神奇魅力,科学剧演出则使体验科技变得生动有趣,每年吸引40多万人前来参观。此外,该中心还组织一些展品到国内外科技中心和博物馆巡回展出,并以科学普及大篷车等形式为边远地区举办流动展览,每年接待100多万观众。澳大利亚很多博物馆、艺术馆、海洋馆、动物园都有各种科学普及宣传内容(郝立新,2010)。在一个废弃的发电厂房基础上改建的鲍尔豪斯动力馆是澳大利亚最大且最受欢迎的科学普及场馆之一。昆士兰州博物馆展出有大量海洋生物、哺乳动物、鸟类、昆虫等标本。

科工组织的教育商店是"一站式"的科学商店,由科工组织的教育部负责组织与经营。商店拥有教育、娱乐玩具、礼物、科学普及图书、实验工具等,这些商品并非普通产品,它们都与科学有关,产品面向大洋洲及世界各地。教育商店以多媒体服务作为特色服务,通过与各类型的学习提供商合作,共同开发出世界级的多媒体产品,为科工组织赢得了广泛声誉,这些产品主要包括视频产品和多媒体产品(陈江洪,2008)。视频产品主要是一些面向市场的产品,如为商业展示、会议、新闻发布及颁奖仪式提供视频产品。近年来加强了有关声音效果、背景音乐和旁白的功能开发,并进一步拓宽产品的类型。多媒体方面主打产品有数字视频、交互式游戏、三维动漫以及一些商业和会议的演讲等,这些产品提升了科工组织在公众和商业领域的知名度。

澳大利亚国家昆虫标本馆(ANIC),建于1928年,它是世界上最大的昆虫标本馆之一,是国际重要系统昆虫学机构(The Major Systematic Entomology Facilities)的成员,在全世界享有盛誉。1962年澳大利亚政府正式确立ANIC为澳大利亚国家遗产,用于未来科学研究的保存。ANIC书店由科工组织的昆虫部负责组织与经营,服务内容与项目围绕ANIC的研究和收藏展开(郝立新,2010)。

(四)科学普及活动

澳大利亚国家科学周始于1997年5月,目前已成为该国一年一度最重要的科学普及活动,仅2009年就有130多万人参与,超过该国总人口的6%,50%的公众知道国家科学周(陈江洪,2008)。国家科技周由澳大利亚联邦政府创新、工业、科学和研究部负责组织,旨在提高公众的科技意识,理解科技创新在促进社会经济发展和环境保护中的重要作用,激发人们追求科学的兴趣。如2009年,该国共有1029个注册项目,其中学校活动主题是"天文科学无界限"。

澳大利亚有许多科技社团,在科学普及工作中发挥着重要作用。如拥有6.5万多名会员的澳大利亚科学技术协会联盟(FASTS),每年都要组织科学家到公众中或新闻媒体上去演讲,为政府提供科技建议和咨询,促进政治家、公众对科学家和科学技术的理解。澳大利亚工程师协会(IEAUST)拥有会员7万余人,每年都举办科学普及讲习班、工程教育讲演会等,特别是其地区分会组织开展继续教育活动,为工程师举办讲座和各种学科课程,为工程师创造终身学习的机会。

在西澳洲,每年8—10月,社会各组织团体会有不同形式的科学教育活动。如西澳大学(UWA)、科廷大学(CU)每年8月会举办"开放日"活动,各学科开辟专区介绍科研主题、开放实验室、向社会公众介绍科学进展等。澳大利亚鼓励企业、团体参与科学教育活动。最精彩、最有意义的科技活动很多是由社会科技团体或企业组织开展的。企业进行科学普及活动的目的很明确,即宣传企业文化、推广品牌形象、扩大企业影响力,并开发未来潜在客户资源、提升经济效益,同时履行企业回馈社会的责任。

为提高农产品品质,拉动本国居民对农产品的需求,澳大利亚各州每年都会依据本地农业特色和优势举办盛大的与农业相关的展览及活动。如南澳洲阿德莱德皇家农场展,至2014年已有175年的历史,成为澳洲历史最悠久的农业展之一;农业州昆士兰州1876年举办第一场农场展,至2014年已有138年的历史。除以上的大型重要活动外,澳大利亚还有许多非常有影响的科学普及活动,比如APEC(亚太地区经济合作组织)青年科学节、精彩行动、现在讲科学、科学啤酒馆等。

第四节 | 日本基于"互联网+"的科学普及与发展

日本是一个发达国家,日本的民用科学技术和相关电子科技产品在世界范围内有着巨大的影响力。

一、科学普及的组织机构与政策

(一)组织机构

日本科学普及工作的组织机构由政府、产业界、学术界共同参与。官方的科学普及机构有文化教育科技部以及所属的科学技术协会、科学技术振兴事业团、科学技术政策研究所等,还有负责促进科技发展、科学研究工作的文部科学省,负责工业方面活动的通商产业省、农林水产省等。民间的科学普及机构有博物馆协会、全国科学博物馆协会、全国科技馆联盟等。他们各司其职、互通有无。正是有这么多科学普及机构,日本整个社会的科技意识、日本青少年的科学普及教育才能拥有较高的水平。

科学技术厅的科学普及工作由科学技术厅下的科技振兴局科技情报科负责,主要主办每年4月份的科技周活动和广泛利用大众传媒、展览会、研讨会举办一些日常性的科学普及活动。例如:举办科学营地,让青少年直接聆听研究人员或技术人员讲课;开展尖端技术体验中心活动,通过进行科学实验和做实验记录以及分析论证得出结论,使青少年亲身体验科学研究活动。将精通科学技术的人才注册为科学巡视员,根据学校和科学馆的需求,派遣他们去指导青少年进行科技实验。科技厅于1996年设立科学技术振兴事业团,利用先进的计算机技术建立一座虚拟科学馆,供青少年进行科技制作和展览。该厅还于1999年发起了一项为期3年的科学普及促进计划,内容包括:举办青少年科技节及机器人奥林匹克大赛,新建"科学世界"科学馆和宣传尖端技术的影像图书馆等。

日本目前约有700所公立青少年课外教育设施,如青年之家、少年自然之家、青少年野外教室等。政府相关部门从1997年起将夏季的第一个月定为"野外教育体验月"。日本目前的STS机构主要是"三会一中心",三个协会性质的机构是日本STS网络(Japan Network STS)、日本STS学会(Japan Association for STS)和日本关西STS协会(Japan Cansi Association for STS),一个中心是日本神奈川大学(Kanagawa University)STS研究中心。日本博物馆协会(JAM)成立于1928年,是所有类型博物馆及其成员的唯一组织。日本全国科技馆联盟以科学的观点来理解发生的事情,思考今后应创造一个怎样的交流场所。日本科学协会成立于1924年,是经日本文部大臣批准的日本历史最悠久的公益团体之一。

(二)政策的内涵与目标

日本政府历来重视国民教育,然而,日本公众与欧美等国的公众相比,对科学的关心相对较少,对科学的理解和认识也不够深入。不仅20—40岁年龄段的人如此,中小学生对理工科的热情也不高,在高等教育中选择理工科的学生越来越少。因此,日本政府通过科学普及探索建立学习型社会,把科学普及和国民的终身教育联系在一起。日本的科学普及政策则从各方面为学校中的年轻人提供更多充满乐趣的实验和观察研究、现场工作和创新性科学技术研究的机会,以提高学生对科学的兴趣。

日本政府认为,提高科学技术水平的基本策略在于提高公众的科学素养,并培养科学技术从业人员。日本科学技术会议拟定的《关于面向新世纪应采取的科技政策的综合基本方针》,指出了普通国民对科学技术关心整体不足的问题,认为科学工作者应该认识到自己是社会的一员,并加强与公众对话,提高公众的科学素养。负责教育和促进科学研究的政府部门及负责有关产业活动的政府部门都被要求开展科学普及工作,为日本实现"科技创新立国"的战略奠定基础。

日本1947年3月颁布的《教育基本法》第二条提出了在一切场合、时间,都必须实现教育目的的要求。其他涉及少儿校外教育的法律法规如《图书馆法》《博物馆法》《儿童福利法》等,都为少年儿童享受应有的社会权利、保证其健康成长提供了法律依据。日本的《博物馆法》及其附属法律文件,根据设施设置、展出内容、展览规模、开放天数等标准,将所有博物馆分为三级:登录、相当、类似。日本在明治维新时期就制定了"发明日",每年4月18日在日本全国各地都要举行隆重的科学知识普及活动。1995年日本政府出台了《科学技术基本法》,把提高公众特别是青少年对科技的理解并改变其对科技的态度作为奋斗目标。关于加强国民对科学技术的理解,1998年日本科技部召开研讨会,主题是"传播者的重要性",指出今后必须形成一个任何人都理解科学技术的社会,科学不仅仅是专家的,科学技术本来就应该属于所有人。

二、科学普及的内容及渠道

日本明治维新时期虽然没有将科学传播与普及当作一项明确的政策纲领,但实际上,却将科学传播与普及当作一项重要社会事务来完成。在天文学、数学、物理、化学各科编写出版了相应的图书,在教育、医学、农业方面学习他国先进的科学知识,并在国内传播和普及。

(一)科学普及的内容

科学传播与普及的内容即所传送的信息,由相互关联有意义的符号组成。科学技术传播与普及内容既包括科技信息,也包括科学技术知识、科学方法、科学思想和科学精神。

科学技术知识是日本科技传播的主要内容。现代科学技术日益发展成为一个门类繁多、纵横交错、相互渗透、彼此贯通的网络体系。现代科技体系包括社会科学、管理科学以及相应的社会技术、管理技术等。工程技术信息是人们在实践中的知识和经验的总结,包括技术知识和方法、发明创造、工艺流程、工作原理、技术管理、设计程序等,也可以体现在设备、工具等形式中。再度开发信息指信息服务机构从海量的信息中所采集并经过分类处理、按一定结构重新编制的信息。科技动态信息又可称为科技新闻,主要表现为新的科技成果、科技政策及科技人员的研究进展等。

以日本著名科学普及杂志《科学朝日》为例,其鲜明的特色主要体现在:一、内容涉及面极广。该杂志的内容涉及有关科学的各个领域,具体来说有数学、物理、化学、宇宙科学、地球物理、科学与自然灾害、考古与人类学、动植物学、海洋、气象、材料科学、生命科学、环境保护、土木建筑、交通、航空、资源和能源、信息、通信、电子和电脑技术、光学、医学、心理学、行为科学、公共卫生、科技政策、科学人物、科学史、历史等。二、在内容编排上主要采用特集(包括专集)和连载的形式,特集具体分为大特集和一般特集或专集。

"二战"后日本政府更加注重科学技术与社会的关系,并在20世纪80年代从西方引入了STS这一学科并开始进行广泛传播,渐渐形成了各种类型和层次的STS机构。日本科学技术传播的内容,不仅仅定位于科学技术知识和科学技术史的传播,还包含科技的社会功能,注意科学技术所带来的负面效应。就科学普及来说,不只停留在基本的或者高科技知识的介绍上面,更应该注重科学方法的介绍、科学精神的熏陶和培养,让公众理解科学,提高全民科学素养,并能够应用科学。科学方法是通过严密的观察实验、严格的逻辑推理,找到事物内部各要素之间及事物与外部环境的相互关系和相互作用,确定其结构、运动变化和因果关系,形成规律性认识。科学精神,是人们在科学发展的过程中形成的思维方式、价值取向、行为规范等的总和,体现着科学作为社会现象的文化内涵,是科学实现其社会文化职能的重要形式。科学精神主要表现为求实精神、理性精神、怀疑精神、创新精神等(李蕴澎,2017)。

(二)科学普及的渠道

日本的科学普及历史已有100多年,可分为三个阶段:第一阶段从明治维新到"二战",为启蒙阶段,主要通过大众传媒渠道向公众翻译和普及西方的科学术语;第二个阶段是"二战"以后,日本在20世纪50年代初确立了"贸易立国"的战略方针,以迅速恢复国家经济,通过大众传媒和活动增进市民对科技的理解;第三阶段从20世纪80年代初开始,当时日本经济实力已名列世界第二,于是提出了"技术立国"的新口号,其核心思想是重视知识、重视科技。日本的科学普及事业是建立在"科学技术立国"论的前提下,以提高国民科学技术素质、增强国家科学技术实力、振兴科技为目标,通过大众传媒、科学普及活动、互联网等多种渠道进行普及。

日本真正意义上的公共理解科学运动的实践模式,是20世纪90年代从丹麦引入的"共识会议"。1985年,发端于美国的"共识发展会议"在丹麦得到了脱胎换骨的变化,创造出通过作为外行的普通公众与作为内行的科学技术专家的对话而形成共识的全新形式。在日本社会,围绕着以转基因技术为代表的生物技术、脑死亡问题、脏器移植、克隆技术、癌细胞的治疗以及疯牛病等科学技术问题,人们产生出很多疑虑。针对这种传播隔阂,共识会议就是政府和科学家与公开招募征集而来的普通公众进行对话的一种方式,更进一步说,是一种沟通的试验。日本学者认为,共识会议最大的价值,就是作为一种"科学家与公众沟通的试验"。

大众传播媒介是在信息传播过程中处于职业传播者和大众之间的媒介体,电视是人们获取科技信息最主要的途径,其次是报纸,再次是杂志和广播,最后是图书和网络(周曦,2009)。日本的NHK电视台是日本科技报道搞得最好的电视台,它的教育频道在节目制作上也是不惜工本,创作严谨,制作精良,其节目对各种疾病原理的讲解,各种食物营养成分及其作用分析,不仅翔实具体且通俗易懂,深受观众好评。

2000年后随着互联网在全球的发展,网络正在影响着人们获取科学知识和技术信息的渠道,催生出了一些新媒体,像电脑、智能手机、pad等移动端。随着智能手机的发展,新媒体更多地专指以其为依托的科学普及游戏和科学普及APP(徐玢,2016)。Mixi是日本最大的社交网站,已经成为了日本的一种时尚文化。

三、"互联网+"下的科学传播实践

长期以来,国内外研究者都认为,科学家应该承担起科技传播的主体角色,因为科学家作为"科学知识生产者",在科技传播链中仍然扮演着"第一发球员"的角色,是人类认识理解科学的源泉所在。但在互联网的世界中,科学家发球员的角色被模糊,人人都成为表达者,并且一些"做的科学"更容易被大家接受。

(一)网络科学普及与科普产品

ITmedia是日本科技信息门户网,是一个致力于日本科技新闻报道的网站,专门从事日本国内的IT电脑、创新科技、科学研究、多媒体、智能手机、数码相机等相关行业的热门资讯,解读科技的未来发展趋势和科技为人类带来的各种便利。

在全球,日本是移动游戏收入最高的国家之一,日本开发出名为"物理·攻略·Wiki"RPG游戏式的科学普及网站,该游戏引导用户前往力学平原,接受牛顿NPC指派的任务,帮助克服物理学习入门难的问题,将物理学做了一个RPG攻略式的科学普及页面,让物理爱好者可以更加直观地了解这一基础学科。"物理·攻略·Wiki"为"玩家"提供了主线任务和支线任务两种线路选择,其中主线地图被分成了力学平原、解析力学之丘、电磁学工厂、光学洞窟等关卡,玩家可以按顺序依次通关这些关卡,最终到达"等离子冰原"。在挑战主线任务的过程中,玩家也可以接触到形形色色的支线任务,例如向量分析海岸、线性代数之湖、微分方程式湿地等,也能够了解与物理学相关的其他学科知识。

日本作为动漫大国,把科学知识、科学方法、科学思想、科学精神融入动漫中,以科学普及动漫促进国家科学普及能力的提高,促进科学文化的传播,也有利于激发公民对科学的兴趣,提高公民的整体科学素质。日本全国共有430多家动漫制作公司,其中有359家集中在东京。在发行方面,日本动画在国内形成了良性的发展,同时大力开发海外市场,如《佛兰德斯的狗》《哆啦A梦》《美少女战士》《七龙珠》等。日本的动漫作品中有许多涉及各种科技或者科幻的要素,并体现出作者对科技的判断和结论。"太空和机器人"主题一直是日本动漫作品中的一种重要的题材,甚至被称为巨型机器人文化,如我们所熟悉的《铁臂阿童木》《机动战士高达》《五星物语》等。

(二)科学普及实践

日本科学未来馆的实体馆展览既丰富了日本人民的生活,同时也让人们意识到了气候变化、能源问题等。日本科学未来馆汇集各种领域的智慧,与大家一起思考、提出建议,为未来做出应有的贡献。

数字化未来馆的球幕影院会放映用三维成像系统(Atmos)制作的球幕电影,如《诞生日——连接宇宙和你我》《来自9维空间的男人》等以物理学终极目标"万物理论"为主题的环幕球形影像作品。让民众在不同地域都能够通过互联网去体验理论物理学研究的前沿课题,听我们司空见惯的日常空间与广阔的宇宙相关联的故事,跟随科研第一线的研究人员做一次从地球到太阳系,乃至银河系的旅行。在一步步走近宇宙起源的同时,共同探讨贯穿宇宙的质朴规律。

日本的科技博物馆具有高水平的人才和设施,有能力向大众开展各种各样的科普教育。通常,各地科技博物馆采用不同的方式和手段,针对不同对象进行不同内容的科普教育。例如:(1)专题展览。选取受关注的科技专题,将有关资料整合提炼后展出,如世界贝类展览、北京猿人展、中国恐龙展。(2)科学讲座。许多科技博物馆经常定期或不定期开办各种科学讲座,听众既可以是大学生、中小学教师,也可以是普通的爱好者、小学生或一般观众等。(3)博物馆教室为了充分利用科技博物馆的声、光、影等各种设备,向社会优惠开放博物馆教室进行科普教育。(4)放映科教片和影像。通过定期或不定期播放科技影片和有关专题的录像,以满足各阶层人士对科学的求知欲望。(5)儿童中心。许多博物馆设有儿童中心,培养儿童学习科学、热爱科学的兴趣,如丰桥市自然史博物馆在展馆外的绿地上开辟有儿童中心。此外,一些科技博物馆还举办星期日旅行、动物饲养观察、天文学演示会等各种开放式的科学普及活动,开展广泛的科学普及教育。全日本属于科学技术性的博物馆有150多所,半数以上为专门学科的博物馆,如横滨的海洋科学博物馆、大阪的松下电器历史馆、瑞浪市的化石博物馆、北海道的煤炭博物馆等。这些专门性博物馆内容广泛,几乎覆盖了科学技术的各个领域。

综上,可见日本是个重视科学技术发展和科学普及的国家,科学技术普及工作的顺利实施离不开政府、产业界、学术界、科学普及机构等多方的通力协作,其中政府部门主要负责科普政策的制定、给予科普工作政策支持。近些年,传统的线下科学传播方式已经走向成熟,多方协作使得线上科学普及模式也取得一定的成效,线上科普传播实践成果和科普产品也都硕果累累。

第五节 | 基于"互联网+"科学普及的国际比较

一、美英澳日"互联网+"科学普及比较

(一)美英澳日科学普及组织机构比较

美国最早出现的科学普及类机构是1863年的美国国家科学院,英国最早的科学普及类机构是1660年的英国皇家学会,澳大利亚和日本的科学普及类机构成立时间相对较晚。从中可以看出,这四个国家较早出现的科学普及机构基本都是非政府机构。非政府的科学普及机构相对影响较大,虽然功能和受众有些许差距,但是主要都是为了提升全民科学素质,受众范围广且都对青少年科学普及更为重视。

(二)美英澳日科学普及政策内涵与目标对比

美国是最早制订旨在全面提高公民对科学、数学和技术素养的科学教育计划的国家。美国、澳大利亚和日本对民众的科学普及较英国更为重视。美国重视提高全民科学素质,澳大利亚注重公民对科学的认知和对科技人才的培养。然而,日本公众与欧美等国的公众相比,对科学的关心相对较少,对科学的理解和认识也不够深入。所以,日本政府就这一问题公布的各项政策、颁布的相关法律都意在通过科学普及建立学习型社会,把科学普及和国民的终身教育联系在一起。加强民众对科学的理解,让民众尤其是青少年改变对科技的看法和态度,让他们了解科学、热爱科学。随着各项指令以及法规的实施,日本在科学普及事业上取得了较好的成绩,而英国各研究理事会则把科学普及工作的重点放在支持中小学校的科学教育上。如今,科学普及已成为各国政府共同关注的议题,但同时各国因国情不同,在具体实践中既有相同之处,又呈现出多元化的差异与区别。总体而言,英国政府的科学普及工作注重发展一种有关利益方相互协调的机制,确保科学普及工作为人民的健康和福祉服务。

(三)美英澳日科学普及的内容与渠道比较

四国科学普及的内容主要是科学知识,不同的是日本更注重科学技术与社会的关系,注重公民对科学技术的认识和态度。在科学传播和普及的渠道上,四个国家传统的普及渠道类似,主要是通过报纸杂志、广播电视等。

二、中美英"互联网+"科学普及实践对比

本书作者统计了中美英的部分科学普及网站,数据主要源自两个导航网站,一个是由江苏省科学技术协会创建于2005年的科学普及网站导航,另一个是eGouz国外网站大全,该网站共收录了国外网站17185个、国家54个、类别37个。经站长工具分析,该网站信息具有较高的可信度。从两个导航网站中共收集了中国科学普及网站98个,美国科学普及网站75个,英国科学普及网站35个。

(一)中美英科学普及网站总体分析

见数字资源包图2.1所示,中国的科学普及网站中由教育科研机构主办的相对较多,约占33.3%;政府主办的科学普及网站最少,约占3.9%。美国由教育科研机构主办的网站排序第一,约占28.8%;其余类型的科学普及网站数量相对较为均匀,最少的是个体类科学普及网站,约占10.6%。英国非营利机构科学普及网站排第一,约占38.2%;排在最后的是个体类科学普及网站,约占2.9%。

作者通过站长工具查询了网站的域名创建时间,并以5年作为一个时间段统计了各国科学普及网站创建时间的情况,其统计结果见数字资源包图2.2所示。由数字资源包图2.2可见中国在2000年左右创建的科学普及网站较多,美国主要集中在1995年左右,而英国2000年前所创建的科学普及网站较多。由此说明,美国科学普及网站的建设起步较早,其次是英国,中国科学普及网站的建设起步相对较晚,但中国科学普及网站发展之势迅猛。

(二)中美英科学普及网站内容主题比较分析

为了进一步了解不同国家科学普及网站内容主题的差别,本书作者利用站长工具将所收集到的网站进行排名,并综合Alexa的全球排名和科学领域排名,每个国家筛选了排名前10的科学普及网站进行分析。

首先,总体而言,见数字资源包图2.3所示,八个自然科学的内容主题中,传播

健康与医疗、信息科技、航空航天、气候与环境、前沿技术五大内容主题的网站相对多一些,而传播应急避险、能源利用、食品安全内容主题的网站相对少一些。中国与美国、英国的科学普及网站的气候与环境主题内容较多。其次,三个国家在健康与医疗、信息科技、航空航天、前沿技术等相关主题的内容数量相差不大,中国在健康与医疗、航空航天方面的内容相比美英两国更多一些,而关于应急避险、能源利用和食品安全方面的内容三个国家都相对较少,其中中国在应急避险这一主题相对多一些,美国和英国在食品安全这一主题相对多一些。根据统计结果,在自然科学方面的普及传播,平均每个中国科学普及网站的主题数量有6.3个,平均每个美国科学普及网站的主题有6.1个,而英国则是5.2个。由此可见,中国科学普及网站内容主题相对多一些,其次是美国,最后是英国。

另外,中国有一半的网站有人文、社会科学方面的内容建设,美国有80%的网站有相关内容的建设,英国有60%的网站有内容的建设。根据科学普及研究所对人文、社会科学的划分[1]以及美国科学促进协会的科学素养基准[2],本书对"其他"内容进行了划分,其结果见数字资源包表2.1所示,其中表中的数字代表了该内容出现的频次。在调查中发现,美英两国关于人文科学和社会科学的内容比中国多一些,尤其是人文科学方面,中国网站的人文科学主要有人文、历史、考古等内容;而美国和英国传播的人文科学除了有以上提到的内容,还有文化、艺术、伦理、哲学、宗教、语言等内容;传播的范围相对广一些。从社会科学的内容来看,三个国家都有教育、经济的内容。此外,中国网站还有军事和心理,英国还有政治、商业和军事,美国有政治和心理学。可以看出,国外相关网站不仅重视自然科学的传播普及,也同样关注人文科学、社会科学的传播普及。在统计的过程中,还发现从整体而言,国外科学普及网站比国内相关网站对人文、自然科学内容的建设量要多一些,而且美国和英国也很重视相关政策的普及,特别是政府型网站,英国的个别网站中还有与数学相关的内容。

---

1 中国科普研究所.中国科普理论与实践探索[M].北京:科学普及出版社,2012:305-306.
2 美国科学促进协会.科学素养的基准[M].中国科学技术协会(译).北京:科学普及出版社,2001:111-113.

(三)中美英科学普及网站表现形式比较分析

1.表现形式比较分析

见数字资源包图2.4所示,平均每个中国样本网站比美国和英国样本网站运用的表现形式要多一些。从文字、图片两种基本形式来看,三个国家的统计结果一致,而视频、音频、动画的统计结果略有差异,中国对后三种表现形式要相对多些。整体而言,文字、图片、视频、音频四种基本表现形式运用多一些,而动画相对少一些。从相关的专题来看,中国、美国在图片和视频开设相关栏目多一些,英国相对少一些,关于动画的相关栏目,三个国家都比较少,关于音频中国只有一个网站有相关的电台,而美国、英国相对多一些,主要是以播客方式呈现。关于动画,三个国家都以gif动图、flash游戏为主,但美、英相对中国则更倾向于在首页运用交互动画吸引受众。

2.用户互动形式比较

本书中主要从网友交流、移动端(公众号和APP)比较分析三个国家科学普及网站的用户互动形式。

(1)网友交流形式分析

从统计结果来看(见数字资源包图2.5所示),几乎所有中国的科学普及网站都设计了留言板,而美国、英国通过留言板让网友交流互动相对少些,在国外受众更多是通过与文章的作者进行互动交流。一般而言,文章的末尾会有对作者的相关介绍,并提供作者的联系邮件或者推特账号,与作者直接联系可以使受众的困惑得到有效的解决。从统计结果看,中国更偏向于留言板形式的交流互动,美国则倾向于直接联系作者的交流互动,英国则将两者结合起来。当然,各国都有个别网站并没有提供这两种常用的网友交流方式。

(2)社交平台互动分析

根据统计结果(见数字资源包图2.6所示),国内10个科学普及网站几乎都有自己的微博账号和微信公众号,其微博、微信(公众)账号与网站本身的名称也都是一致的。其中,腾讯科普只有微信公众号而没有新浪微博账号,新浪科学探索则只有微博账号而没有微信公众号,其主要原因是新浪、腾讯是各自独立的两大媒体。由于美英两国的主流社交媒体除了Twitter和Facebook,还有一些其他的媒体,因此,在这里统计各个国家拥有科学普及网站最多的前五个社交平台,结果发现美国和英国排名前五的社交平台是一致的,分别是Twitter、Facebook、YouTube、Instagram、LinkedIn,其中英国的Google+与LinkedIn并列。从统计结果(见数字资源包图2.7所示)可以看出,美国、英国的10个网站都拥有Twitter、Facebook账号。此外,YouTube、Instagram、LinkedIn社交平台也都是重要的用户互动社交平台,而英国利用这三个平台进行传播互动相对少一些。

3.科学普及网站移动客户端建设分析

在研究中作者统计了各国样本科学普及网站APP建设情况,其具体结果见数字资源包图2.8所示。在10个科学普及网站中,中国有4个网站有相应的APP,分别是果壳网的"果壳精选"、中国数字馆推出的"青稞"、科学网的"科学网"、科普中国网的"科普中国"。相比之下,国外科学普及网站的APP建设多一些(见数字资源包图2.8),美国除了空间网和生命科学网之外,其他8个网站都有相应的APP,作者共统计相关APP19款,其中NASA网站打造了其中的11款。英国10个科学普及网站中共建设有APP12款,其中科学发展网、儿童健康生活知识百科没有APP。虽然行星科学网也没有APP,但是在其网站中推荐了相关APP,为受众提供了有效的信息。与NASA一样,英国皇家化学学会在网站建设的基础上开发了5款APP。可以看出,国外APP建设很丰富,一个科学普及网站可能会建设多个APP。

总体而言,美国科学普及网站的移动端建设最为丰富,相比国外,中国科学普及网站关于移动端的建设还有待提升。此外,国内外科学普及网站关于APP的呈现也有差异。国内APP的呈现主要通过二维码呈现,二维码一般悬挂在网页两侧或置于底部,用户通过扫描二维码就可以下载相应APP,而国外APP一般以链接的方式呈现,通常在首页页尾或者"About"里面。可以看出,国内关于APP的呈现更加直观,而国外的呈现方式相对不够直白。但无论是国内还是国外,部分科学普及网站的APP链接都不够直观,读者不易找到。

第三章 我国民族地区「互联网+」科学普及现状及案例

第一节 | 民族地区"互联网+"科学普及现状调查

基于"互联网+"科学普及的基本范畴,紧密结合民族地区的文化传播特性编制调查问卷和访谈提纲,考察民族地区"互联网+"科学普及的渠道方式、民众参与度、科学普及需求及影响因素。研究发现,民族地区互联网科学普及传播成效明显,而民众参与显著不足;健康医疗是关注度最高的科学普及主题;民众网络素养不足、资源供需与实际需求脱节等不同程度地影响着"互联网+"科学普及在民族地区的传播效果。

一、研究目的

作为发展较早的新型媒体之一,互联网科学普及已受到社会广泛关注和重视,进入快速发展阶段。《全民科学素质行动计划纲要实施方案(2016—2020年)》指出,我国新媒体科技传播能力明显增强,而边远和民族地区群众的全民科学素质仍然薄弱。民族地区因受经济社会文化影响,其科学普及发展模式和科学普及需求有其自身的特点和规律,而"互联网+"科学普及以其信息汇聚、应用服务、即时获取和精准推送功能,可以为民族地区科学普及发展注入新的活力。当前"互联网+"科学普及在民族地区的实施情况如何?民众的科学普及需求主要包含哪些方面?受到什么因素的影响?带着这些问题,利用本书作者开发的调研工具展开实证研究,以期为民族地区"互联网+"科学普及的未来发展提供参考。

二、研究设计

(一)研究工具

在高宏斌、刘彤等学者前期研究的基础上,经过实地调研、问卷初测和专家咨询,构建《基于"互联网+"的民族地区科学普及现状调查》问卷。指标体系由渠道方式、参与度、民众需求和影响因素四个维度组成。在问卷项目编制上,注意体现"互联网+"科学普及的一般特征,以及"互联网+"科学普及在民族地区的特殊表现。基本信息是对被调查者的性别、年龄、民族、日常用语、受教育程度、职业收入和城乡差异等变量的测量。以分析被调查者的个性特征和所处环境对调查结果的影响。问卷指标体系设置见数字资源包表3.1所示。

本次调查问卷主要是网络问卷,采用随机发放与团体统一发放相结合的方式,收回有效问卷731份。部分题目是客观事实的调查,不做信效度分析,针对影响因素部分的民族地区适应性量表进行信度分析,结果显示基于标准化的科隆巴赫系数为0.901,说明该量表具有很好的内部一致性。采用原始数据分析和KMO、Bartlett球形度检验,KMO检验统计量为0.889,说明变量之间的偏相关性很强,适合做因子分析,球形度检验p小于0.001,说明变量之间存在相关性。

(二)研究对象

调查对象是包括重庆、四川、贵州、云南、西藏、广西等地的11个民族,民族分布见数字资源包表3.2所示。调查对象的日常用语84%为汉语,其余为双语或民族语;生活地区40%来自乡村,60%来自城镇;调查对象中男性占比32.7%,女性占比67.3%。

三、民族地区"互联网+"科学普及方式

随着网络媒介技术的迅猛发展,当今人类社会已步入网络化时代。网站、微博、微信以及APP等多平台的分众传播,PC与电脑、手机等移动端的复合联动,是"互联网+"新科学普及发展的基本模式(黄庆桥、李月白,2017)。本研究从民族地区移动互联网的普及情况、互联网科学普及的使用程度、不同互联网科学普及信息载体的受欢迎程度三个方面来反映民族地区"互联网+"科学普及方式的特点。

(一)移动互联网已成为获取科学普及信息的主要方式

调查结果显示,与纸质媒体、广播、电视、科学普及活动等传统方式相比,接近70%的被调查者通过互联网来获取科学普及信息,其中,94%以上表示通过手机上网,5%通过电脑上网,而通过PAD等终端设备上网的被调查者仅占1%。在针对中学生的调查中,作为网络科学普及途径的移动端是PC端的三倍多,中学生主要通过互联网、电视获取科学普及知识。

(二)搜索引擎和社交媒体的科学普及作用比专门科学普及网站更为显著

通过对搜索行为的大数据挖掘可以准确了解网民科学普及需求的实时动态,为科学普及信息化建设和精准推送服务提供科学依据。依据调查结果(见数字资源包图3.1),民众通过互联网获取科学普及信息的三大渠道为百度、谷歌等搜索引擎,微信公众号和网易、腾讯等综合网站上的科学普及频道,总占比达到80%。可见,通过搜索引擎获取科技信息和科技解决方案已成为越来越多网民的主动和主要选择。在针对中学生的调查中,中学生主要是依靠搜索引擎来获取科学普及知识,受欢迎的APP客户端也占有很大比例,而专业的科学普及网站以及数字化博物馆占的比例较小。

根据中华人民共和国科学技术部发布的全国科普统计数据,截至2019年全国建设科普网站2800多个,极大丰富了我国网络科普的数字内容和网络形式。相对于搜索引擎、微信公众号和综合网站科学普及频道,针对性、专业性更强的科学普及网站、论坛、博客、APP客户端的利用率偏低。75.5%的被调查者表示没有关注科普类微信公众号、收藏相关博客或应用科普APP。在调查民众对中国科普网站评审委员会评选出来的影响力最大的六大科学普及网站的了解度时,结果见数字资源包图3.2所示,五分之一以上的被调查者表示对所列网站均不知道。六大网站中,科学网和科普中国在被试中了解度最高,科学松鼠会和果壳网了解度最低,可能的原因是这两个网站专业性、学术性偏高的缘故。

四、民族地区"互联网+"科学普及参与现状

"互联网+"科学普及从根本上改变了人类的科学知识传播理念和方式,使科学普及从传统的居高临下的单向传播,逐步变为公众与科学家的双向交流,民众成为网络科学普及的参与者[1]。参与度是指民众在互联网科学普及信息的搜索、互动、分享方面所花的时间、精力及行为情况,是反映科学普及传播效果的重要指标。通过调查民众网络科学普及信息浏览频次、网络科学普及信息分享情况和参与线上线下活动的情况等方面来分析民众网络科学普及的参与现状。

---

[1] 潘津,孙志敏.美国互联网科普案例研究及对我国的启示[J].科普研究.2014,(48):02.

(一)互联网科学普及方式使用频率增多

调查结果见数字资源包图3.3,通过互联网浏览科学普及信息的频次,每周一次以上的被调查者达到72.5%,其中29.5%的被调查民众每天都会利用互联网阅读科学普及信息。可见民众存在一定的科学普及需求,且具备了利用互联网满足科学普及需求的基本能力。

(二)互联网科学普及分享传播效果好,而互动参与明显不足

微信和QQ两种社交软件成为民众分享科学普及信息的主要方式,与网页、论坛、百度互动等形式相比,除了16.8%的被调查者没有分享过信息以外,分享过信息的被调查者中80%以上表示习惯通过这两种渠道分享科学普及信息。表明微信、QQ等社交软件的使用,提供了很好的科学普及传播平台,极大促进了科学普及信息的传播与分享。

调查数据见数字资源包图3.4所示,68.7%的被调查者表示对于互联网科学普及信息仅限于自己浏览;分别有10.2%、18.2%的被调查者表示"会参与网上交流""线下与他人讨论相关内容";表示从未参加过互联网线上或线下实施活动的被调查者占比达97.1%。由此可见,一方面线上线下科学普及活动涉及领域广泛,内容丰富;另一方面,可能由于活动宣传不够、空间阻隔等民众线下参与严重不足。在针对中学生的调查中,分享科学普及知识的方式主要是和他人通过移动互联网交流,网络平台分享科学普及知识时中学生使用QQ软件、微信和小视频软件较多,依靠发达的移动互联网进行相互交流。

五、民族地区"互联网+"科学普及需求现状

目前对科学普及需求研究中,苏冰提出科学普及网站建设应该在内容、形式和服务功能方面提升质量,以提高青少年的科学素养(苏冰,2009)。潘榕斓在中学科学普及需求的基础上对广州市工业旅游产品进行分析,提出观念、内容、功能、形式以及产品营销五个方面优化产品的策略(潘榕斓,2018)。高宏斌、张超等对我国中西部领导干部和公务员将需求的调研问卷除背景变量外,划分为需求渠道、需求内容、需求度三个一级指标(高宏斌、张超,2008)。胡俊平、石顺科等,对社区居民进行科学普及需求与满意度调研中,将一级指标下的需求度划分为感兴趣的科学普

及话题、获取科学普及内容的现行途径和期望途径、科学普及设施的需求、参加活动的需求、科学普及共建活动的需求五个二级指标(胡俊平、石顺科,2011)。赵兰兰对城镇社区公众的科学普及需求进行调查研究,将科学普及需求具体细化为内容需求、形式需求和获取科技信息的途径三方面(赵兰兰,2011)。刘彤、王世民从公众的知晓情况、参与情况、掌握社会公众的参与兴趣及其对开放单位的期望与要求四点来设计问卷调查工作,进行北京地区科研机构开放公众参与情况调查及公众科学普及需求分析(刘彤、王世民,2012)。王黎明、钟琦以搜索引擎为工具,基于科学普及关键词的"主题—热点—搜索条目",引入强度和宽度概念,对网民搜索的主题内容、方式进行大数据分析,结果整体显示科学普及在信息社会中的年轻化、移动化和碎片化的现象(王黎明、钟琦,2018)。

离散化、走向平等与多元,是互联网时代的社会结构特征[1]。随着科学普及资源日益丰富和多样化,社会个体或团体的行为选择也更具多样性,他们往往选择带有个人或团体偏好的资源,这些选择能够在一定程度上反映个人或团体价值倾向。需求调查就是为重点了解现有网络科学普及资源满足需求的总体情况。

(一)文字、图片和视频需求明显优于其他形式

视频、图片和文字是最受欢迎的三大科学普及资源表现形式,动画和音频的受欢迎程度明显较低,互动体验、3D展览、虚拟现实、游戏等新形式可能因为并不为民众所熟悉、类似资源较少等原因,并不被广泛欢迎。调查数据见数字资源包图3.5所示,倾向于视频、图片和文字形式的被调查者占比均在60%以上,倾向于互动体验、3D展览、音频的被调查者占比均未达30%,38%的被调查者倾向于动画形式,仅13.60%的被调查者倾向于游戏形式的互联网科学普及。陈清华等人的研究也表明,文字、图片和视频明显高于音频和游戏等,依然是我国科学普及网站的主要表现形式(陈清华、吴晨生等,2015)。在针对中学生的调查中,不同的科学普及方式在一定程度上决定科学普及内容的呈现形式,传播路径仍集中在文字、图片、视频等传播方式。

---

1 骆毅.走向协同——互联网时代社会治理的抉择[M].武汉:华中科技大学出版社,2017:39-40.

（二）学习、生活是互联网科学普及需求的两大领域

调查数据见数字资源包图3.6所示，学习和生活是互联网科学普及需求的两大领域，其中来自学习的需求为77.30%，来自生活的需求为63.10%，娱乐需求为43.40%，职业需求为37.50%，生产需求为10.80%，其他需求为7.40%。通过"互联网获取科普知识是基于哪方面需求"与"职业类别"单因素分析，再根据事后检验、多重比较得出："职业"需求与"高中教师、非学校事业单位、企业职工、大学生、自由职业、无业"显著性相关；"学习"需求与"学生、教师、农民、非学校事业单位、企业职工、自由职业、无业"显著性相关；"娱乐（兴趣）"需求与"小学教师"显著性相关；"生活"需求与人们的职业不相关。

（三）健康医疗是关注度最高的科学普及主题

调查数据见数字资源包图3.7所示，民众最为关注的网络科学普及主题为健康与医疗，54.9%的被调查民众选择该主题。这与中国科协的相关调查结果具有一致性，可见，无论是民族地区还是全国范围，"健康与医疗"已成为互联网科学普及的第一关注主题。社会热点主要是对现实生活中某些热点、焦点问题所持的有较强影响力、倾向性的言论和观点，因其综合了广泛的主题内容，再加上网络舆情作用，其关注度位居第二，占比为54.10%。自然科学、现代科技和文化艺术作为科学普及的重要方面，均吸引了40%以上被调查者的关注。地理历史和育儿领域关注度相对较低，分别为21.70%和20.80%。中学生关注的科学普及内容主题主要有医疗、信息科技方面。

六、存在的问题及发展建议

现状调查结果显示，互联网已成为民族地区民众获取科普信息的主要方式，现有互联网科普资源较为丰硕，通过搜索引擎获取科技信息和科技解决方案已成为越来越多民众的主动和主要选择。不容忽视的问题在于，我国民族地区由于独特的地形地貌特征及其历史发展，区域经济、科教、文化差异显著，科普需求存在明显的地域异质现象。现有互联网科普资源建设具有同质化趋势，对民族地区生产生活实际需求适应性不足。此外，网络素养、语言障碍及宗教信仰也是民族地区互联网科普较为明显的影响因素。可见，民族地区特定影响因素下的精确供需是科普

工作亟待解决的关键问题,而科普实体机构与互联网技术的有机融合是解决该问题的应然思路,互联网背景下的技术参与和科普模式的转型也在一定程度上优化了精确供需的发展条件。

在科普实体机构与互联网技术的有机融合方面,针对现有互联网科普与民族地区实际需求脱节的现状,依托地区科协或民族科普研究基地等实体机构,科普工作人员或科学家与当地居民紧密结合,深入各个民族进行长期跟踪调查,调研符合生产生活实际的科普需求,收集传统科技、文化遗存,了解风俗信息、宗教信仰及语言背景差异。以此为基础,建立科普资源网站和网络互动社群,网站和社群内部由政府、研究机构和公众等组成的科普主体,对科学内容以独立或协作的方式进行生产。一方面实现资源的共建共享,同时以网站作为互联窗口,加强民族地区与外部世界的联系,让科普协助走进来,让民族特色走出去。

从互联网技术参与的角度来看,互联网作为科普渠道方式能够在终端通过大数据分析等技术手段,精确感知公众需求,将公众需求进行多维度、分层次的细化和分析,构建不同需求用户的智能化和个性化推送,形成大数据时代科普公共服务的智慧化供给模式。

从科普模式发展的角度来看,民族地区传统的科学普及是"赤字模式",旨在通过科普填补公众在科学知识上的赤字。这种模式割裂了科学知识的生产与传播过程,缺少科学界与公众的对话。传统模式存在供给与需求错位的潜在风险,加之科学普及过程中长期存在的国家通用语言与民族语言,大众文化与民族文化的差异,降低了对科普需求解读的准确性与实效性,甚至可能出现对民族文化的不恰当利用与理解。新媒体环境下,互联网作为科学传播媒介,可以促进民族地区的科普体系建设从传统模式向公众理解科学及未来更开放的模式转型,公众可以成为科学传播的主体,充分发挥参与对话作用,促进民族地区科普供需的精准化发展。

第二节 | 民族地区科学普及方式及案例

在互联网迅速发展的今天,结合少数民族地区的实际情况,经多方努力,我国民族地区"互联网+"科学普及工作建设初有成效,以下选取部分博物馆、网站、微信公众号进行案例展示。

一、民族生态博物馆

民族生态博物馆(ecomuseum)这一概念发端于20世纪70年代的法国,它提倡对文化进行活体保护、培育、展示,保持它的原汁、原味、原生态,反对如传统实体博物馆式地将藏品静态、集中地收藏于一处。就地进行保护,还可促进当地的经济文化可持续发展。"ecomuseum"这一概念被我国著名博物馆学专家苏东海先生、安来顺先生等译作"生态博物馆"并引进中国博物馆学界。经过10余年的努力,1998年我国建成了第一座生态博物馆——贵州六枝梭戛生态博物馆;又经过20年左右的探索发展,截至2017年,我国已经建成的和正在建设的生态博物馆共有36个。基于我国文化遗产保护的特殊性,我国的生态博物馆大多建设在少数民族农村地区,分布在重庆、广西、贵州、内蒙古、云南等的民族生态博物馆分布情况的调查数据见数字资源包表3.3所示。

(一)虚拟民族生态博物馆

随着社会发展,科技进步,互联网逐渐成为了人们工作、生活不可或缺的一部分,"互联网+民族生态博物馆"的新模式也应运而生。

1.虚拟民族生态博物馆

虚拟博物馆又被称为数字博物馆,它是基于互联网技术将传统实物博物馆所拥有的展览、演示、归档、管理等职能再现于网络的数字化博物馆[1]。其中,使用最多的技术便是当下大热的VR技术。虚拟民族生态博物馆将海量的博物馆资源数字化,并通过VR技术给参观者提供虚拟漫游、多媒体视频、语音讲解、文物三维虚拟仿真、图文介绍、实景再现、人机互动等体验,让参观者足不出户,却拥有比走马

---

[1] 何琳.虚拟生态博物馆:生态博物馆资料中心建设的新途径[J].贵州民族研究,2010(2).

观花式游览更全方位、立体化的身临其境、触手可及的参观感受(孟航宇,2015)。2003年11月28日,中国博物馆学会成立了数字化专业委员会,国家文物局已将数字博物馆的研究正式立项,即"中国数字博物馆工程"(韩凝玉、余压芳,2014)。我国的数字博物馆建设还处于初级阶段,虚拟民族生态博物馆的发展则更晚,目前仍处于起步阶段。

目前已经存在的实体民族生态博物馆中,拥有网上博物馆/虚拟博物馆的只有贵州黎平县地扪侗族人文生态博物馆和广西"1+10"工程生态博物馆群。其中广西"1+10"工程生态博物馆群较之前者更为完整、系统,下面将对其进行详细分析。

2.广西"1+10"工程生态博物馆群虚拟生态博物馆

广西"1+10"工程生态博物馆群虚拟生态博物馆于2013年2月正式启动建设,于2013年12月完成对10个生态博物馆进行360°全景环拍及虚拟展示制作。广西生态博物馆群的虚拟生态博物馆建设较为完整、系统、科学,展示了民族保护区内的自然风光、特色建筑、民俗风情、劳动生产等民族特有生态文化现象。

广西"1+10"工程生态博物馆群的网上虚拟博物馆分为两个模块:中心馆——广西民族博物馆以及10个民族生态博物馆分馆,10个民族生态博物馆拥有一个单独的网页。

点击广西地图上各民族生态博物馆可进入10个生态博物馆的分网页。以那坡黑衣壮生态博物馆为例,首页有一段关于该分馆的介绍,点击详情可以看到更多图文结合的详细介绍内容。首页下部导航栏链接到四个子网页,分别是云中漫步、虚拟展厅、精彩非遗、物质遗产。

第一板块,云中漫步。此板块为该民族生态博物馆所在村落的360°航拍图,游览者从空中角度俯视欣赏村落全貌,包含自然风光、建筑风情、生产劳作等。此组航拍于2013年12月完成(何琳,2010),设备条件较好,拍摄天气选择用心,整体清晰度高,可以最大化看清博物馆信息资料中心的庭院。

第二板块,虚拟展厅。此板块为对生态博物馆信息资料中心展厅的360°环拍而制成的三维虚拟展厅,观众可以通过360°虚拟漫游,走遍展厅中的每一个角落,欣赏展出的各种展品。虚拟展厅制作整体清晰度较高,但10个生态博物馆还有一个通病,虽然可以走遍展厅每一个角落,但即使最大化视角也无法看清展板上的文字图片资料,展出的农业生产生活工具也因缺乏必要的解说而成为摆设。参观者只能通过该虚拟展厅非常粗略地游览,而不能细致地了解到民风民俗等文化。

第三板块,精彩非遗。此板块包含礼仪习俗、传统技艺、文体艺术等非物质遗产。在当地居民和专家的共同努力下,资料收集整理较为完善,涵盖了非物质遗产的各个方面,但展出方式单一,只有"图片+文字"的方式,互动感较弱。

第四板块,物质遗产。此板块包含文化和遗迹。与上一板块类似,图片展示,配上三两行文字介绍,略显呆板,对游览者吸引力不强。

广西"1+10"工程生态博物馆群的网上虚拟博物馆总体来说是目前我国投入最多、做得最好的虚拟生态博物馆,但还存在诸多如与"互联网+"时代背景结合不够、展览效果不够理想等问题。

(二)对策建议

基于目前广西"1+10"工程生态博物馆群的网上虚拟博物馆建设所存在的问题,提出虚拟民族生态博物馆建设的如下改进设想。

1.更新虚拟展厅环拍,增加交互内容

虚拟展厅的环拍可以更新,并解决南丹里湖白裤瑶生态博物馆的黑白画质问题。在利用图像软件(例如Microsoft ICE)合成虚拟展厅全景图后,将每块展板文字、图片内容数字化,然后将该内容链接到全景图中每块展板位置,实现参观者在漫游过程中,通过点击展板上的触发器,弹出包含该展板文字图片内容的小窗,让参观者阅读。展出的农业生产生活工具还可以链接视频,展示如何使用该工具,配上解说词,丰富展品的信息量,让参观者真正了解、学习到传统文化、民风民俗,让整个参观过程更具有效性。

具体的设计可以参照中国数字科技馆。当参观者游览到提花机时,点击一个触发器后会出现三个小图标,分别是视频介绍、文字介绍和整体图片。参观者可以通过视频介绍了解到该提花机的使用方法,通过文字解说词了解提花机的发展历史及发挥的作用,通过提花机整体的图片可以更清晰地观察它的结构,参观者更易沉浸入博物馆环境中,获得更具参与感的游览体验。

2.移动VR融入非遗与物遗板块

精彩非遗与物质遗产板块的展出方式单一,简单的"图片+文字"的静态展示缺乏交互感,可以将这两个板块设计成"移动VR"。对于物质遗产,无论是物件还是建筑,可以通过3D建模技术制作三维展品模型,例如使用3dsmax软件中NURBS建模方法创建模型,导出VRML文件,Cortona进行三维浏览编辑完善模型(何琳,2012)。3dsmax渲染出的全景图片的真实性、临场感已经较之前的静态图片提高很多,且参观者可以观察到更多细节化的东西。为了追求更好的沉浸效果,可以将3dsmax输出的全景图片通过VR软件转化成可使用VR眼镜观看的VR图片,参观者通过扫描二维码可在手机上打开左右分屏的VR图片,使用VR眼镜进行参观学习。

非物质遗产,例如三月三山歌、婚礼习俗、打油茶等,可以利用VR拍摄方案,如国外的HeadcaseVR、HypeVR、NextVR及国内的UtoVR硬件方案进行VR拍摄,后期通过如Kolor Autopano Video软件处理输出全景视频,可供参观者使用VR眼镜观看。非交互VR视频就足以让参观者获得有趣的沉浸式体验。挑选小部分如打油茶这样的典型劳作方式,对其制作一些交互式体验设计,如参观者可以通过触发器自己打油茶,让参观者更有参与感,对该传统文化知识印象更为深刻,也起到了更好地保护和传承文化习俗的作用。

二、民族科学普及网站——科普贵州网

从科学普及网络传播出发,选取科普中国的科普贵州网作为研究对象,细致深入地解读此网站,进而了解"互联网+"背景下民族地区科学普及网络发展现状。

(一)科普贵州网的传播渠道

科普贵州网包含线上传播和线下活动两部分。线上传播大体由移动平台(如微博、微信公众号、各类APP)和科学普及网站门户两大板块组成。本节基于"5W"的基本模式,对科普贵州网的每一部分展开剖析,以呈现其在传播渠道和传播内容的鲜明特征。

1.线上传播之一——网络门户

科普贵州网是一个带有互联网论坛特点的科学文化知识宣传和普及网站,也是科普贵州网众多传播方式中,使用者最多、知识涵盖最广的部分。科普贵州网的布局排版简洁大气,网页配色清爽简约,用户可根据自身的兴趣喜好在网站里浏览自

己感兴趣的新闻和科学文化知识。网站主要有十大板块:科技新闻、科普乐园、科普三农、找医生、谣言终结者、前沿科技、心理健康、科学探索、黔问题、解图知天下。

2.线上传播之二——移动平台

在关于青年人网络科学文化知识传播的调查研究中发现,微信是我国90%以上的互联网用户,尤其是年轻人倾向于选择的社交类应用。科普贵州网有很好的后台技术支持,并且建立了微信公众号"贵州科普"。公众号经常会推送精选的科学知识,图文并茂,浏览和收藏都很方便,用户同时也可以在微信公众号内参加科学普及竞赛,提高对自然科学知识的兴趣。微信公众号不仅方便了广大用户获取最新资讯,也有专业的维护人员,如果有任何问题,可以向公众号直接发送消息,微信后台会有客服进行解答。除此之外,微信应用本身强大的"一键转发"和"分享"功能,也给公众号的用户提供了更快更便捷地分享和传播自然科学文化知识的渠道和功能。

除微信外,科普贵州网首页在醒目的位置设有APP二维码,用户扫描二维码便可以轻松获取"科普中国"APP软件。在"科普中国APP"中,用户可以有选择性地自主查看每日新推出的科技文化内容,应用并不会因为界面的缩小使得功能有所缺失。APP用户同样可以在APP中通过查询关键字来查找想要了解的内容、对推送的新闻或者知识进行评论、对喜爱的评论点赞、分享给朋友或者其他互联网平台等。与微信公众号平台相比,这款APP的首页有一个鲜明的特点和优势,那就是用户可以根据自身喜好对首页进行增添、删改,内容更多样化,也对用户的喜好有更好的针对性。

3.线下传播

科普贵州网打造了一系列的线下用户科技创新活动。媒介技术的进步只是给科学文化知识的传播提供了更广的成长环境和更完备的技术支持,而线下的各种科技创新互动才是公众真正深入理解体验而并非以旁观者的视角来学习科学知识的途径。

科普贵州网并没有止步于网络门户、手机应用和微信公众号的建立,对线下活动的组织和开展也有足够的重视。线上和线下活动的齐头并进也使得科普贵州网收获了更多的人气支持。科普贵州网的线下活动主要由贵州省科协发起和承办,主要内容包括民族地区科学普及脱贫、乡村儿童科学普及,等等。通过科普知识进校园、中国流动科技馆巡展以及不定期举办的科学普及小讲堂等线下活动,切实深入群众生活。

(二)科普贵州网的传播优势

首先,是用户对于科普贵州网的内容信任度较高。科普贵州网十分重视知识内容的选取。除此之外,科普贵州网之所以能够被受众信任,最得益于它的重要模块"谣言终结者",这个模块通过权威的报道,还原事件真相,对日常生活中的谣言进行一一粉碎,将公众视野带入正确的轨道。例如,"手机能验钞?""洋葱能杀死感冒病毒?""吃撑了喝它有助消化? 关于酸奶的六大传言"等这些都是公众非常关注的生活中的常见问题。科普贵州网通过核查信息源、检索大量科学文献、工作人员进行简单实验等方法来击破一些总是在公众中广泛流传的谣言,加强其阐述的准确性,经由一系列线上线下的联结传播来进一步缩小这些谣言的扩展范围。

其次,是用户对科普贵州网的使用满意度和忠诚度较高,用户群体的稳定性较强。大量的用户使用必然会倒逼网站的改进和更新,进而更好地满足用户的需求,获得更高的用户满意度,从而形成良性循环,这也正是互联网社区逐步建立起来的小圈子所带来的优势之一。长此以往,经由这种潜移默化的影响,科普贵州网距离其实现科学知识的广泛传播的理想为期不远。

三、民族科学普及微信公众平台

(一)民族科学普及微信公众号概况

科学普及微信公众号是当下民族地区科学传播的有效方式之一。查阅相关资料,发现人数较多的少数民族(人口数在100万以上)均有相应的民族科学普及微信公众号,而人数较少的少数民族(人口数在100万以下)除傈僳族(63.49万人)、佤族(39.66万人)、景颇族(13.21万人)、普米族(3.36万人)外,均无其对应的民族科学普及微信公众号。在67个民族科学普及微信公众号中,微信名中含"科普"的有57个,其全部都是以"地区名+科普"命名的。部分微信名不包含"科普"的公众号给关注者搜索、辨别公众号均带来了较大的难度。从认证信息上来看,民族科学普及微信公众号大多是地方官方的科学技术协会所设立和运营的,这一点与科学普及公众号的商业化企业化运营模式有着极大差异:在67个民族科学普及微信公众号中,有57个获得了腾讯公司的微信开通认证,其中,有5个来自于媒体,1个来自于企业,其余51个均来自于机构。机构中又分为社团法人、机关法人、群众团体、事业法人、社会团体等,以机关法人为多数(19个,占37.3%),认证率之和为85.1%,仅有10个微信公众号没有得到认证。

从微信传播力指数(WCI)来看:现有的民族科学普及类微信公众号尚未成熟,许多公众号甚至在数据库中无法找到对应的WCI及月发文数等数据。从公众号的互动沟通情况来看:大部分民族科学普及公众号都只有被添加自动回复,仅少数公众号有关键词自动回复和消息自定义回复。可以看出现有的民族科学普及微信公众号与用户的沟通互动仍十分不足,用户成为被动接受内容的群体。从企业、媒体、科协、科研院所及个人类型的公众号中,选择传播力指数高的18个公众号作为分析样例(见数字资源包表3.4、表3.5)。研究中,民族科学普及微信公众号分析样本遵循以下标准进行选择。首先,以微信传播力(WCI)指标为主要参考标准;其次,公众号是综合性的以科学报道为主要内容的微信公众号,针对特定的科学主题(如航天航空、健康医疗、气候与环境等特定领域)的科学类微信公众号不在选择的范围。

统计发现,18个民族科学普及微信公众号共计生成3609条分析文本。排除宣传、广告类、科学普及活动类以及人文、科幻等内容后,最终共生成有效分析文本2140条(59.3%)。总体来说,民族科学普及微信公众号的文章原创率极低,大部分内容是来自科普中国、果壳网、人民网等公众号的文章转载。

(二)民族科学普及微信公众号科学传播主题分析

为了进一步了解民族科学普及微信公众号的运营质量、效果,对样本公众号中的科学普及文章进行了具体的内容分析。各科学主题在公众号中所占比例见数字资源包表3.6。

统计可知科学主题中发布数量,首先是生活技巧($n=395$, 18.48%),其次是农业与食品科学($n=392$, 18.34%),然后是医药与公共卫生($n=366$, 17.12%),再次是生命科学($n=321$, 15.01%)。然而,工程技术、地球与航天科学、信息科学、基础科学的发布数量明显少于其他主题。这说明民族地区人民最关注的是最贴近生活的一些日常科学普及常识和一些实用性较强、更能够获得实际效益的信息。进一步分析二级科学主题,得到如数字资源包表3.7、表3.8和表3.9所示的数据。

农业与食品科学中,食物的发布数量最多($n=355,90.55\%$),占据相当大的比例,其次是农业($n=29,7.35\%$),其他二级科学主题所占比例均非常小。本研究的样本微信公众号均发布了食物主题的相关文章,其中出现频率较高的内容包括营养(生物所摄取的养料)、科学饮食、健康生活、食品安全、食品问题辟谣,等等,相关民族科学普及类微信公众号对食品伪科学的辟谣十分重视,如对各类食品防癌、隔夜菜、反复烧开的水致癌、人造食物的科学解析等。

医药与公共卫生中,医学的发表数量最多($n=244,66.58\%$),占一半以上,其次是药学($n=81,22.19\%$),而其他二级科学主题所占比例均较小。医药与公共卫生主题的文章仅次于农业与食品科学,在18个样本公众号中均有出现。其中,医学主题243篇,出现频率较高的内容包括癌症等各种疾病的产生和预防等,该类型的文章发布的作用在于通过对医学的知识普及,帮助公民形成健康、良好的生活方式。

生命科学主题中,生理的发布数量最多($n=208,64.85\%$),占一半以上,其次是动物($n=49,15.15\%$),再次是遗传演化($n=26,8.18\%$)。其他科学主题发布数量明显小于这三类。

(三)民族科学普及微信公众号对公众的吸引程度分析

1. 民族科学普及微信公众号文章标题生动性分析与比较

新闻标题在吸引读者浏览通篇文章中起着十分重要的作用。我们可以从新闻标题的形式、句式和标题修辞这三个角度进行分析对比。调查发现,总体上,各文章的标题均较为生动。在科学普及微信公众号中,绝大多数文章的标题字数在10—25字之间,常见使用问号、叹号、双引号、省略号等标点符号,使用疑问句、祈使句、感叹句且使用设问、拟人等修辞手法使标题更加生动形象,丰富多彩。我们以各公众号2018年2月1日的文章标题为例进行质性分析,数据见数字资源包表3.10所示。

除此之外,以文章内的图片、动图、音频和视频数目对公众号发布文章的内容的生动性进行分析。结果显示,几乎所有的文章都包含了一张及以上的图片,动图和视频的使用数量低于图片。

2.民族科学普及样本微信公众号特色栏目分析

由数字资源包表3.11可看出,几乎每个民族科学普及微信公众号都有其特色栏目,且栏目分得比较细。例如,"科普湘西"中的科学普及导航栏目,就细分为生活科学普及、真相揭露、产业科普、自然科普及几个二级栏目,方便人们根据自己的需求浏览相应的科学普及文章。又如江华科协的科学普及课堂栏目,就细分为能量资源、生态环境、创新创造、安全健康、少儿科普几个二级栏目。除少数民族科学普及公众号外,大多数的公众号在特色栏目上都已做得相对丰富和多样了。

(四)民族科学普及微信公众号的个案分析——科普岫岩

通过对民族科学普及微信公众号传播主题的对比分析,发现科普岫岩准确捕捉了当地人民的真正需要,真正地落地于科学普及惠农(见数字资源包表3.12、表3.13所示)。在文章的各科学主题比例方面,兼顾了地球航天科学、工程技术、基础科学等较为前沿的科学知识和与当地群众生活息息相关的生活技巧、农业畜牧业技术,真正做到了既落地于人民的科学普及需求,又学习借鉴商业化的科学普及公众号运营模式和策略。这无疑是民族科学普及微信平台中的一个优秀典范。

面对市场化的洪流与科学普及微信公众微信平台显而易见的优势,科普岫岩充分意识到了民族科学普及微信公众微信平台自身的优势所在。部分科学普及公众平台为了吸引巨大流量,尽可能迎合更多的受众,因而忽视了民族地区的少部分受众。他们难以贴近民族地区群众的实际生活,难以切实了解到当地人民的真正需求。然而,民族科学普及微信公众号平台的运营者有能力精确捕捉人民的切实需要,有能力给予人民更多实际效益的科学普及信息。例如,保护土壤恶化与修复改良,辽宁绒山羊舍饲技术,玉米秸秆的加工利用和牧草种植,大棚蔬菜科学施肥技术,柞蚕蛾制种、放养技术,中华蜂选址、养殖技术,香菇菌棒种植关键技术,毛驴风湿病防治等都是与当地人民的生活工作贴近的,可以给人民带来具体效益,对发展地方经济等有着重要作用。然而,科普岫岩的微信传播力指数还是相当弱的,目前微信公众号还没有受到应有的重视,没有发挥出其应有的价值。这值得我们进行深刻反思以总结更多经验,达到优化民族科学普及微信公众号平台的目的。

第三节 | 民族地区科学普及地区案例
——云南省普洱市孟连自治县案例

在了解我国民族地区"互联网+"科学普及整体现状的基础上,选取云南省普洱市孟连自治县为地区案例,对已有科学普及内容与传播方式展开调研工作。其中对传播方式的调研分为传统媒介下的传播方式和"互联网+"背景下的传播方式两大部分,对科学普及内容的调研重点是呈现民族地区目前已建成的"互联网+"科学普及的内容资源。

一、地区自然地理与社会特征

调研地点为云南省普洱市孟连傣族拉祜族佤族自治县(简称孟连县),该地区位于我国云南省西南部边境线地区。云南省位于我国西南边陲,边境线全长4046 km,与越南、老挝、缅甸三国接壤,有苗族、瑶族、哈尼族、傣族、佤族、景颇族、怒族、独龙族等16个少数民族跨境而居。普洱市属云南省下属地级市,别称思茅,曾是"茶马古道"上的重要驿站,具有浓郁的茶文化,作为中国最大产茶区,盛产普洱茶。普洱市下设9个少数民族自治县,孟连县是其中之一。

孟连是云南省25个边境县之一,全县4个乡(镇)与缅甸掸邦第二特区(佤邦)邦康市接壤,国境线长133.399 km。全县除南垒河、南马河流域是小平坝外,大部分均为山区,山区面积占全县总面积的98%。截至2013年底,孟连县境内有傣族、拉祜族、佤族等21个少数民族,民族杂居情况非常典型。少数民族人口占总人口的86%。

二、科学普及方式

(一)传统媒介下的科学普及传播方式

从国家科学普及发展报告统计数据[1]来看,云南省传统媒介下的科学普及形式多样,内容较为丰富,但与全国同期平均水平相比较,还存在着一定差距。传统的科学普及形态主要以讲座、展览、科学普及竞赛、科技馆或博物馆、科学普及图书、

---

[1] 中华人民共和国科学技术部.中国科普统计[M].北京:科学技术文献出版社,2016:32.

期刊报纸等为主,以大范围的科技活动周、科学普及活动月等活动为辅。

1. 博物馆科技馆类

根据实地调查,结合百度地图、高德地图等电子地图搜索结果显示,普洱市共有11个博物馆。其中普洱市博物馆、普洱市茶博物馆等展馆位于市区;景东彝族自治县博物馆、普洱市镇沅博物馆、江城哈尼族彝族自治县博物馆、佤族博物馆、澜沧博物馆、宁洱县民族博物馆、拉祜族历史文化博物馆、孟连博物馆(即孟连宣抚司)八个位于下属各个县区。共有科技馆5个,普洱城市规划与科技馆、生物多样性科学教育馆、中国普洱云分中心科技展厅3个位于市区,天文馆和澜沧市科技馆位于属区县。此外,孟连县还有孟连宣抚司署以及禁毒教育中心两个科教类展馆。

孟连县孟连宣抚司署位于县政府所在地,该建筑群融傣、汉族特色为一体,保存完好。该馆内展示了自清朝以来历经五百余年的土司统治历史及傣族世袭土司府所在地。该馆主要展示清代朝廷赏赐服饰以及傣族日常服饰、傣文典籍、土司家居用品等,其中清朝青蓝色底绣蟒袍和黑色丝缎六品朝官朝服制作精良。此外该馆还包含一些对孟连傣族、拉祜族、佤族的历史、风俗进行介绍的相关资料。该馆的建筑风格及其丰富的藏品为研究地方民族史提供了宝贵的文物史料。据了解,县城辖区内学校不定期组织学生参观,当地被称为"佛爷"的民间人员在宣抚司署不定期开展讲学活动,为有需要的公众进行傣语教学。

孟连县禁毒教育基地位于孟连县强制戒毒所内,针对青少年和公众进行免费的禁毒宣传教育,在禁毒和普法方面发挥着重要作用。展品主要分为禁毒简史、毒品知识、预防康复、孟连禁毒、影视展映、互动测试等六个板块,采用多媒体演示、实物展示、写真展板、互动体验、互联网同步等多种形式,通过翔实的记录、真实的物件、严肃的警醒,向广大人民群众特别是青少年普及禁毒常识,宣传禁毒法律政策,号召和动员全社会拒绝毒品,共同参与禁毒斗争。

2. 科学普及大篷车以及展览类

科学普及大篷车搭载国家配备的科学普及资源,进行案例展示以及宣传资料发放。科学普及大篷车是由中国科协开展的一种流动性较强的科普方式。普洱市科学技术协会定期进行科学普及大篷车进校园活动,提高科学普及影响力,为师生带来科学普及资讯,孟连县内各个中学均在近些年内参与了该活动。

3. 科学普及图书、期刊报纸类

该地区中学以及小学均设有图书室,规模不一。孟连县某中学设立的校内图书馆是该地区占地面积以及藏书量较大的学校图书馆(或图书室),为学生提供阅览和借书服务,在周一至周五国家规定工作时间内对全校师生开放。馆内的图书按照国家图书标准进行编码登记、陈列,整齐有序。该馆除图书区,还设置有阅览区、研讨室等功能区域,满足师生基本的文体需求。

4. 乡村少年宫

在中央和省委的支持下,为提高农村地区学生的素质,利用乡村中心学校的场地,由国家提供必要设施、外界辅助管理共同开办乡村少年宫。针对镇上的学生,有兴趣者可以在周末等课余时间进行参观。云南省乡村学校少年宫已成为提高农村未成年人素质的重要阵地,丰富了学生的课外活动。经调研发现在孟连县由县文化局主持联合教育局在县属小学、民族小学开展了乡村少年宫项目。

(二)新媒体下的科学普及传播方式

1. 科普网站

我国科普网站自2008年以后发展迅速,数量上呈增长态势。就发展趋势来看,云南省科普网站也呈逐年增多的现象,与总体发展趋势一致,但是在数量上,云南省历年科普网站数目,均略低于全国均值[1]。目前我国的科学普及网站主要分为门户类网站、学术机构网站、科技类博物馆网站、政府部门网站。科协在服务科技创新过程中起着主导作用,推进整个地区的科学普及工作。云南省16个州(市)、129个县(市、区)都建有相应科协的组织,由各级科协建立官方网站。

云南省科学技术协会主办的科学普及网站"云南省科学技术协会"(http://www.yunast.cn/),是一个综合性网站,兼顾行政、通知以及科普的性能。该网站下设的九个一级栏目中,具有科普功能的有"科学普及"和"反邪教专栏"两项。"科学普及"栏目下设农村科普和青少年科普等针对不同目标人群的科普栏目。"反邪教专栏"资源较为丰富,含有相关视频、图片、文字等形式的网络资源,对反邪教进行全方位的阐释。

普洱市科学技术协会主办的科学普及网站"普洱市科学技术协会"(http://www.

---

1 江相雅.西南民族地区中学生"互联网+科普"内容与传播方式的需求研究[D].西南大学,2019.

pekjxh.cn/)属综合类网站,设有"科普前沿""法律法规""视频点播""数字科技馆"等栏目。此外,在显著位置针对青少年、社区居民、农民群体分别设置"青科工作""社区科普""农产品交易"栏目。"青科工作"栏目下均为各个县区开展科学普及活动的通知,具体的科学普及资源在"视频点播"中呈现,"数字科技馆"栏目可直接链接跳转至中国数字科技馆。

孟连县科协主办科学普及网站"云南孟连县科普网络书屋"。2011年5月,孟连县被确定为"科普富民兴边"工作试点地区,该网站主要是为进行农业科技推广普及而设立。该网站针对不同人群提供书屋资源,有"机关单位书屋""协会合作社书屋""乡镇村书屋"等。书屋资源下设不同的书库,其中"图书书库"链接到中国知网下属的"三新农书库",包含几千本可在线或下载阅读的农业、艺术、教育等类电子图书;"期刊书库"链接中国知网下属的"三新农期刊库",包含各类期刊;"现代农业产业技术——一万个为什么"链接中国知网下属的"现代农业产业技术——一万个为什么书库",主要提供农业生产生活相关的电子图书资源。

总体来看,近些年我国的科学普及网站在数量上发展态势良好,云南省在网站数量建设上逐年升高,但是始终低于平均水平。对云南省各级科协网站进行栏目以及基本内容的分析,可看出科普网站兼顾行政、科学普及功能,对青少年和农村、社区居民开展一定的科学普及工作,但科学普及资源呈现不够丰富,且更新效率不高。

2. 移动端微信、微博、腾讯QQ等

根据新媒体指数平台(GSDATA.CN)统计,2019年1月31日云南省区域内科技类微信公众号排名前10名的有"科普红河""德宏科普""大理市科普""巍山科普""科普石林""便当科技""魅力元江微科普""昆植标本馆""文山微科普"等,作为云南省各个地区主办的科学普及公众号,基本功能是传播科学理念、普及科学普及知识,发布科技信息,为公众提供更好的科学普及服务。在微信搜索栏目中输入"云南科普",筛选出正常发文的7个科学普及类公众号,分别为云南科普、云南科普教育、美丽云南微科普、云南天文台科普中心、云南干细胞科普中心、云南51玩科学、云南科学施肥。在微信中关键词搜索输入"普洱科普",可筛选出普洱科普、普洱茶知识普及、普洱市科学技术协会。

在微博手机客户端搜索"云南科普",显示出30条相关用户(统计时间2019年2月26日)。通过阅览发文内容,剔除广告类以及发文量较少的用户,按照粉丝数降序排列得到数字资源包表3.14,大部分为云南省各市县科协构建的微博平台。

云南科普资源信息中心主办的"美丽云南微科普"与云南省科学技术协会官方微博"科普走云南"相比较,同属省级单位主办,但"美丽云南微科普"粉丝数与发博量均较高。"美丽云南微科普"内容包含科学知识、医疗与健康、自然地理、农业科技等科普主题。发文关键词有科学史、进化、世界北极熊日、层积云、春季流感、医保政策、强对流天气、鱼的记忆、甲醛检测仪、杂交水稻原理等。孟连县搜索得到"中共孟连县委宣传部官方微博",作为县级官方微博宣传平台,大部分内容以政府工作为中心,同时介绍传统节日等信息,涉及科学普及类资讯包括高寒高铁、南极科考成果、恶劣天气出行、VR、携带打火机乘车、袁隆平杂交水稻等。

QQ也是用户量比较高的智能设备软件,在QQ软件搜索栏目以云南科普进行关键词搜索,订阅号有"美丽云南微科普"等。其中视频内容以云南美食、云南特产、航拍云南等为主题,展现云南地区美食以及自然风光;图文资讯中,春城晚报、云南网等分别推送云南减震防灾、乡村儿童科学普及旅行等信息。在快手、抖音等移动端APP中搜索云南科普,可见云南花种、野生菌、矿物资源等相关介绍。

3. 数字化的科技、博物场馆

目前云南省并未建设数字科技馆,只有普洱市级科协网站链接了中国数字科技馆。云南省博物馆始建于1951年,多方位展示云南的历史、艺术、文化,为国家一级博物馆。该馆官方网站下设8个一级栏目,包括概况、政策、资讯、教育、鉴赏、展览、学术、公告。其中主要进行科学普及教育的栏目有教育、鉴赏、展览三大板块。鉴赏板块以图文的形式介绍馆内历史文物、动植物标本等藏品,同时为了丰富公众体验,对部分展品进行3D处理。普洱市博物馆始建于2007年,对普洱市的历史、自然风光和人文积淀进行展示。该馆官方网站下设9个一级栏目,包括普博概况、陈列展览、藏品赏析、文物保护、文博动态、学习园地、天下普洱、普洱民族等。其中主要进行科学普及教育的板块为藏品赏析、天下普洱、普洱民族。鉴赏板块以图文的形式介绍馆内历史文物、普洱茶文化、少数民族信息等。

三、科学普及内容

在已有研究的基础上,对科学普及网站、移动端APP呈现的信息内容进行文本分析,最后以孟连县为案例,梳理出目前民族地区主要的科学普及内容,按照关键词归类呈现如下。

"云南省科学技术协会"网站首页设有云南科普大讲坛板块,内容丰富、领域广泛,涵盖科学文化、健康与医疗、农业科技以及生活知识等各个方面。内容关键词有科普活动日、专家科技下乡、科技文化卫生下乡、农业现代化、森林防火、文化科技卫生法律下乡、鸟类科普基地、迎新春文化节、猪文化科普主题展览、傈僳族"阔时节"宣传活动等。科学普及栏目下的青少年科普二级栏目下的内容由各级科协供稿,内容关键词包含科学实践课、青少年机器人大赛、高校前沿科技训练营、安全知识教育讲座、载人航天等。

"普洱市科学技术协会"网站由普洱市科协举办,下设众多科学普及栏目。对推送文章进行关键词提取,大多为农业技术和脱贫攻坚相关主题。如致富增收知识和就业技能、优质稻示范推广、大黑蜂养殖、水稻农机农艺融合现场培训、仔猪保育、水稻病虫害化学防治技术、增粮技术等。"青科工作"栏目科普内容大多与前沿技术、当地文化以及科学教育主题相关,内容关键词包含太空种子、卫星、湿地、普洱茶咖啡文化、石斛生长、太空画创作、世界环境日、机器人竞赛等。

"云南孟连县科普网络书屋"是孟连科协主办的网络书屋,内容主要呈现农业种植技术、特色农副产品发展等与提高经济水平及宣传民俗文化相关的主题。关键词如春节特色美食、非物质文化遗产、孟连县民族历史博物馆、凤凰花开、泼水节、哈尼阿卡人"嘎汤帕"、民族团结、葫芦节、佛教教职人员培训、民族手工剪纸、神鱼节等。"法制孟连"一级栏目下多为中华人民共和国宪法、反恐法、抵制毒品等内容主题。

从关键词统计上来看,全省范围内举办的科学普及宣传活动的内容多集中在文化、科技、卫生、法律等方面,紧扣相关政策。青少年的科学普及板块活动内容多集中在现代科技、科学原理等方面,旨在提高青少年的科学素质。普洱市科学普及活动响应国家政策号召,内容主要关注脱贫攻坚层面。对青少年的科学普及活动大多为科学教育主题,通过科技训练营、科学普及大赛、科技进校园等方式开展,科普内容更新频率较快。孟连县科学普及内容大多与经济发展和民俗文化相关,此外,特别重视法律知识普及以及抵制毒品等保护青少年健康成长、预防青少年违法犯罪的科普内容。

第四章 基于"互联网+"的民族地区科学普及的影响因素探析

第一节 | 传播者对基于"互联网+"的民族地区科学普及的影响

传播者在科学普及中发挥着不可替代的作用,其科学普及的专业化程度、传播能力和传播技术的应用水平对基于"互联网+"的民族地区科学普及会产生复杂而深远的影响。

一、传播者类型的影响

科学普及的顺利进行需要政府、科学普及机构和媒体等不同职能部门的通力协作。政府部门主要负责科学普及政策的制定、目标的规划以及资金支持,科学普及机构则是科学普及知识的孕育中心,媒体则更多负责知识传播。在不同的部门中,传播者根据专业化程度可分为专业以及职业化的队伍和兼职以及非职业化的队伍。

职业化的队伍包括科学普及机构的工作人员、大中小学教师、医生和工程师等。这些专职的传播者不仅掌握了大量的专业知识,而且还会源源不断地进行知识的拓展和创新。职业化的传播者队伍在科学普及工作中"专业对口",人人各司其职。如果大家问关于物理的问题,那么显然大学或者中学的物理老师会提供更专业的回答。如果大家对于医疗卫生方面的问题有疑惑,医学专家相对而言是更好的咨询对象。例如在应急条件下的科学传播中,可以成立应急专家委员会,包括医生、心理咨询师等在内,形成科学共同体。应急专家委员会的成员既是科学共同体的主体,也是传播者序列的塔顶,他们利用专业知识对突发公共事件的产生原因、发展趋势进行解释和分析,提出宏观处理意见,其言行具有较强的社会影响力和号召力。应急条件下的志愿者主要由掌握专门技能或专门知识的人员构成,重点对受众的安全和健康实施直接的救助,给受众提供具体实用的科学方法及树立面对突发公共事件的科学态度(石国进,2009)。

非职业科学传播的队伍主要包括学生、科学普及爱好者等。其中大学生已经掌握了大量的科学知识和原理，如果是硕士生或者博士生，那么意味着他对自己的领域更加精通。而科学普及爱好者由于对科学普及的热情，会凭借兴趣和爱好义务制作科学普及视频和音频，这些努力会对科学传播、科学普及产生积极影响。

对于科学普及的推进，两支队伍都必不可少。首先，如果缺少教师、医生这类专业人士，我们就很难确定科学普及内容是否真实可靠。对于一些尖端的领域，如量子力学、基因编辑、转基因，旁人很难有第一手的资料，也很难形成正确的理解。因此，职业科学普及人员非常必要。其次，仅仅有职业人员是不够的，非专职的学生和爱好者同样是科学普及的重要推动力量。对于大众来讲，科学知识是否真实可靠固然重要，但是否能理解也同样重要。如果科学普及的形式和表达方式未考虑到受众的接受程度，即便内容再正确，大家的接受程度也是有限的，这会最终导致科学普及的效果非常不理想。面对很难理解的艰深科学理论，科学普及爱好者可以通过漫画、视频等形式帮助公众了解现象背后复杂的科学原理。如果缺乏科学普及爱好者的参与，科学普及工作会变得非常低效。

少数民族聚集的地区多在经济欠发达的地区，如南疆、西藏等西部地区，这些地区很多还是处于相对原始的农耕和放牧的方式。由于教育发展的制约，有一些少数民族群众还没有掌握国家通用语言，他们的日常交流仅限于用本民族语言的交流，其国家通用语言水平不足以顺利阅读和交流，而绝大多数的科学普及信息都是国家通用语言材料，这在一定程度上限制了科学传播与科学普及。民族地区科学普及队伍薄弱。一方面，大学等机构中专职的少数民族科学传播者数量也相对有限；另一方面，少数民族整体受教育的情况欠佳，能够跨越语言障碍并且热衷于学习科学知识的学生和爱好者并不多。这种情况下，想推动科学普及工作的良性发展，既需要提升少数民族群众的语言能力，也需要着力培养其专职和兼职的科学普及人才。

二、传播者的传播能力及影响

科学普及的目的是通过传播者将不同的内容传播出去并使得受众理解，科学传播者的传播能力直接影响科学传播的质量和效率。科学普及传播者的传播能力分为两部分，一部分是对于科学内容的理解能力，另一部分则是理解了内容之后的讲述能力。

一方面,科学普及涉及生活的方方面面,从抽象的概念到具体的现象,跨越不同学科和不同层次,这就要求传播者必须具备一定的知识基础和学习能力才可以系统和全面地理解科学内容。科学普及涉及人们对于世界的根本看法。例如:如何理解世界的起源?时间和空间是否有一个起点?我们应该如何理解时间?我们应该如何理解空间?人是从何而来?如何证明科学对于这些问题的看法是正确的?这些问题看上去好像孩童的提问,却是人类从古至今都争论不休的话题。一个合格的科学普及传播者,首先应当具备从科学的角度去认识这些问题,并且给予符合科学理论、可验证答案的素养。例如,当人们寻思世界是从何而来时,有无数个答案,很多答案出自各种神话,有的答案则是被部分证明了的猜想——如宇宙大爆炸。当人们询问,人从何而来的时候,同样有很多种答案,如中国神话中的女娲造人,而科学的观点则是人类由进化而来。一个科学普及工作者或是科学传播者,对于这些抽象而根本的问题缺乏深入的了解,就意味着其缺乏科学普及工作的基础。

除此之外,我们的生活是丰富多彩的,理解周遭现象的同时,发现背后的科学原理同样重要。小朋友们总是喜欢夜晚看着星星,然后问大人,为什么星星会发光?为什么天空是蓝色的?为什么汽车跑得要比自行车快?这些问题虽然简单,但是并非三言两语可以说清楚。星星会发光涉及星体是否自身会发光以及光的传播,天空是蓝色的则涉及光的波粒二象性以及光在空气中的散射,汽车跑得比自行车快则涉及内燃机以及能量的转换,在这些简单问题的背后都有复杂的物理学知识。如果科学普及传播者不理解这些内容,其工作必然失败。

科学普及传播者的阐述能力必不可少。一个小朋友或者一个在学科领域之外的人问"什么是时间"这样艰深的问题,科学普及工作者如果罗列一大堆公式显然是不合适的。科学普及工作者应当通过周遭具象的事物,循序渐进地讲解这些抽象而难懂的概念,让人们能够逐渐理解客观存在但被忽视的科学原理。

当然,科学普及的目的,更多的是让大家对科学感兴趣,更多地用科学的眼光打量、思考我们周遭的世界。因此,科学普及工作面对的人群很广,涉及的内容很多,有些内容也十分艰深,要依据受众和具体的内容制订不同的方案。总体来说,传播者的科学素养越好,阐释以及表达能力越强,科学普及的效果才会越好。

对于少数民族地区的人们来说,其思想受到宗教的影响和制约,环境较封闭、生产生活方式单一,因此他们对于科学并没有什么热情。因此,少数民族地区的科学普及工作者想要进行科学传播,有着比其他地区更高的要求。首先,科学普及工作者要具备"民汉兼通"的语言能力,传播者必须要用对方能理解的语言和方式进行科学知识、原理、技能的阐释。其次,为消解少数民族群众受宗教思想影响的桎梏,科学普及工作者要了解少数民族的心理、风俗习惯,用他们能接受的方式传播科学知识。目前少数民族地区具备良好素质的科学普及工作者还比较少,需要通过学校教育强化少数民族学生的国家通用语言能力,提高青少年科学素质,培养年轻一代成为少数民族地区科学普及的新生力量。

为了加强科学普及人才的培养:一方面,要建立相应的机制,积极协助职业科学传播者共同推进当代科学普及事业的发展;另一方面,为理工科学生专门开设"科学交流课程"以及"科学写作课程",在研究生阶段设置同专业的科学传播研究方向,以强化科学普及工作的专业性。还可以借鉴学校教师培训的经验,对科学普及场馆的展教人员及校外讲师团的辅导教师集中开展相关业务培训、考核,对取得教师资格证的博物馆、科技馆、科研机构的工作人员,在双方及单位同意的情况下,可在中小学兼任科学、生物、物理、化学等课程教师,以缓解师资断层的问题(倪杰,2018)。

三、移动终端应用的影响

随着我国移动技术的快速发展,智能手机和移动网络早已是每个人生活中不可缺少的部分。过去,所有人绝大部分的信息是来自纸质媒体和电视;而现在,大家的生活中早已不再需要电视和纸媒,取而代之的是智能手机、电脑和电子书。人们可以不看书和电视,但是如果网络被切断,就切断了人们生活中的主要信息通道。进入互联网时代,科学普及的载体和手段也随之发生了翻天覆地的变化。

首先,由于智能手机和移动网络的出现,人们的科学普及需求发生了变化。过去,人们获取信息的渠道少,生活也相对简单,所以人们相对来说更关心生活中具体的问题。而这些问题的解决又能够直接改善生活质量,例如:如何修好自行车,如何修好缝纫机等。但是,手机和网络的结合,使得人们可以轻松获得海量信息,这对科学普及工作产生了巨大的影响。人们的疑问会变成量子力学是什么、相对论是什么、霍金的时间简史的观点是什么等这些脱离生活的抽象而艰深的问题，对科学普及传播者提出了新的要求。

其次，快节奏的生活使得碎片化阅读成为常态，这对科学普及工作者提出了更高的要求。科学普及传播者需要将过去冗长而复杂的内容以小巧而精致的方式进行呈现。过去的科学普及形式都是以书面文字或者节目的方式进行，也可能是大家一起去参观博物馆。但是，随着科技的发展，我们可以使用的手段越来越多。各种视频网站是良好的平台，科学普及工作者可以通过视频的方式形象生动地进行科学知识和原理的普及。不仅如此，现在手机上都有专门的音频应用，科学普及工作者同样可以仅通过声音的方式，讲解科学内容以及原理，这对于很多在生活中不方便看视频的人非常有效。而且目前很多的博物馆都有自己的主页网站，大家足不出户就可以查找相关的信息，VR和AR技术的进步更是可以直接将博物馆和实验室带入家中，只要戴上VR或者AR设备就可以看到需要的内容。而这些新技术的出现，也对传播者提出了更为具体的要求：一方面，传播者需要了解科学普及内容和原理，并且需要良好的阐释能力；另一方面，传播者也必须拥有良好的多媒体制作能力和阐释能力，才能通过现有的新渠道将科学普及工作做到位。

第三，新型传播手段使得传播对象与传播者之间界限日益模糊。在传统书报刊时代，科学普及传播者往往是专职工作者，在传播链条中通常处于优势地位，决定着科学普及内容、传播时间和传播形式，甚至直接决定哪些人成为科学普及传播对象。而在微信、抖音、喜马拉雅等APP和平台中，传受双方的传播地位是完全平等的。其中，科学普及公众号提供免费和开放式的订阅服务，微信用户可以自主选择订阅，用户的选择、分享和转发对科学普及公众号的影响有决定性作用（苗雨雁，2016）。专业而权威的公众号更受青睐。微信科学普及内容根据来源可分为原创内容与转发内容两种。收到信息的个人用户不仅可以分享、评论、转发，还可以创作或加工他人信息后形成新的传播内容再次传播。

新媒体技术极大地促进了全面科学普及的局面，让更多有能力进行科学普及的人通过自己喜爱的方式展现才能，让受众有更多自主选择空间。用户可以去选择自己喜欢的传播者、喜欢的内容以及喜欢的方式，这些都是传统的纸质和电视等传统媒体所无法做到的。但是这种模式在一定程度上也带来了一些问题,例如,我们很难去鉴别传播者的水平是否足够专业,或内容是否正确,是否会带来了伪科学的传播。

"互联网+"浪潮席卷中国,对少数民族群众的生活也产生了巨大的冲击。《民族地区基于"互联网+"科学普及现状调查问卷(民众卷)》的调查结果显示,25.00%的受访者从网上获取的科学普及知识通常来自微信公众号,在分享科学普及信息的方式中,有48.20%的受访者喜欢用微信分享功能,微信已日渐成为民族地区科学普及的重要渠道。

第二节 | 受众对基于"互联网+"的民族地区科学普及的影响

马丁·鲍尔对过去25年间公众理解科学的研究进行了综述,认为公众对科学发展的理解过程包括科学素质(传统科普)、公众理解科学以及科学与社会(科学传播)三个阶段。受众是科学传播实践和研究中的重要环节,然而,无论是在科学素质、公众理解科学的阶段中,还是在科学与社会(科学传播)的阶段中,受众一直处于被忽略和被冷落的地位,但公众和科学共同体在科学传播中理应处于同等地位,开展平等对话协商(王大鹏、李颖,2015)。受众性别、文化程度、职业、网络素养、语言障碍等对科学普及需求具有显著影响,也会深刻影响到"互联网+"在民族地区科学普及效果。

一、受众需求影响科学普及

中国科普研究所所长任福君认为:科普就是要从公众的需求出发,满足大家的科学欲望。顺应了客观要求即受众需求,科学普及才能展现它最有生命力的一面(罗子欣,2012)。大量的文献表明受众的需求对科学普及至关重要,科学普及载体生存发展的根本所在是以广大受众的需求作为出发点和落脚点,贴近实际,贴近生活,贴近群众。重视受众的需求,经常收集受众反馈的信息,随时关注受众需求的变化,增强与各类受众的沟通,把受众的"应知"与"欲知"统一起来,把广大群众的共同兴趣、普遍需要与个别兴趣和特殊需要统一起来,提供机会,培养受众的参与意识。要尊重广大受众的需求,结合自身的特点,变单向传播方式为交互式传播方式,同时,根据社会需求变化调整自己的传播重点和传播形式,更好地传播科技知识、转化科技成果,满足广大受众的需要(罗敏、张丹平,2014)。

为了探究科学普及内容和科学普及形式需求对科学普及的影响,对《民族地区基于"互联网+"科学普及现状调查问卷(民众)》的相关数据进行了统计分析,结果如下。

(一)内容需求

为了探究受众的需求与他们从网上获取的科学普及知识的来源是否有关,以"网络获取科学普及知识的来源"为自变量,受众的"内容需求"为因变量进行单因素分析,结果见数字资源包表4.1所示。其中,生活($F=2.234$,$P<0.05$)、学习($F=5.067$,$P<0.001$)和娱乐(兴趣)($F=2.928$,$P<0.01$)等领域的需求与受众从网络获取科学普及知识的来源显著相关。例如,为了满足生活需求方面的科学普及知识,受众优先考虑论坛和博客($M=0.733$),其次是网易等综合网站上的科学普及频道($M=0.687$),再次是微信公众号($M=0.661$),最后才会考虑专门的科学普及网站($M=0.542$)和其他来源($M=0.489$)。而为了满足学习需求,受众会优先从百度等搜索引擎获取科普知识,其次是微信公众号。此外,为了满足娱乐(兴趣)需求,受众则会优先从知乎等手机客户端获取科普知识。可见受众需求会影响科普知识获取渠道的选择。同时,职业($F=1.170$,$P>0.05$)与生产(工农)($F=0.730$,$P>0.05$)领域与受众从网络获取科学普及知识的来源不相关。

(二)形式需求

受众最希望看到的网络科学普及形式为视频,其次是图片和文字的形式,再次是动画、音频、互动体验、3D展览、虚拟现实和游戏等形式。以"网络获取科普知识的来源"为自变量,"受众对网络科普表现形式的需求"为因变量进行单因素分析,探究受众对网络科学普及形式的需求与他们从网上获取的科学普及知识的来源是否有关,结果见数字资源包表4.2所示。其中,文字($F=2.312$,$P<0.05$)、动画

（$F=3.637, P<0.01$）、3D展览（$F=5.176, P<0.001$）、互动体验（$F=5.721, P<0.001$）、虚拟现实（$F=4.533, P<0.001$）这几类网络科学普及表现形式与受众从网络获取科学普及知识的来源显著相关。通过数据统计可以发现，为了满足文字这一科学普及知识形式的需求，受众首先考虑的是专门的科学普及网站（$M=0.699$），其次是百度等搜索引擎（$M=0.668$），再次是微信公众号（$M=0.621$），最后才考虑其他来源（$M=0.444$）。为了满足虚拟现实、动画、3D展览、互动体验等科学普及知识形式，受众优先考虑的知识来源也会不同。可见受众会依据自己倾向的科普形式而优先选择不同的知识来源。

二、不同受众群体影响科学普及

科学普及作为一种社会活动，其目的在于提高公众对科学的理解和认识，并内化为个人的行动，进而做出个人的科学决策，可以认为科学普及的受众应该为全体大众。但受众是异质性的、多元的，因而应该从心理学等视角考虑受众的信仰和价值因素，并且根据不同的变量（比如性别、年龄、职业、区域等）对受众进行细分（王大鹏、李颖，2015）。例如，按受教育程度可将受众划分为小学及以下、初中、高中、本科、硕士、博士；按职业可将受众划分为教师、农民、企业职工、自由职业、无业等。不同职业的受众会有不同的需求，从而会影响科学普及工作的开展。

（一）性别

在此次问卷调查中，女性所占比例为67.31%，男性为32.69%。通过互联网获取科学普及知识时，受众对内容领域的需求为多项选择，我们统计了不同性别对不同内容领域需求的选择（见数字资源包图4.1所示）。结果表明，女性在学习领域上的需求是最高的，占比高达82.90%；其次是生活领域，占65.40%；再次是娱乐（兴趣）和职业领域；最后是生产（工农）和其他领域。男性对不同内容领域需求的倾向与女性类似，学习领域方面的需求也是最高，但占比明显小于女性，只占65.90%；其次是生活领域，占58.40%，略小于女性；再次是职业和娱乐（兴趣）领域，其中男性在娱乐（兴趣）领域的需求略低于女性，但在职业领域的需求略高于女性；最后是生产（工农）和其他领域。而除了在学习领域上不同性别的差异较大以外，其余领域的差异较小，差值都在10%以内。

通过互联网获取科学普及知识时,以受众对网络科学普及表现形式的需求为多项选择,统计不同性别对不同表现形式的选择(见数字资源包图4.2所示)。结果表明,女性对表现形式的需求由大到小的顺序为:视频、图片、文字、动画、音频、互动体验、3D展览、虚拟现实、游戏,占比分别为71.20%、67.20%、63.00%、41.90%、31.30%、27.80%、26.10%、22.80%、13.20%;男性对表现形式的需求由大到小的顺序为:文字、视频、图片、动画、音频、3D展览、互动体验、虚拟现实、游戏,占比分别为60.00%、59.70%、55.60%、30.00%、23.80%、20.30%、19.70%、16.30%、14.40%。女性最喜欢的科学普及表现形式是视频,而男性更倾向于文字表现形式。所有表现形式中,除去游戏这一表现形式,男性的选择比例略高于女性,其余表现形式均是女性高于男性。

通过互联网获取科学普及知识时,以受众最关注的科学普及主题为多项选择,统计不同性别对不同科学普及主题的选择,见数字资源包图4.3所示。结果表明,男性与女性对每个科学普及主题都有关注,但在不同科学普及主题上的关注程度存在差异。女性最关注的科学普及主题是健康与医疗和社会热点,占比分别为59.64%和58.27%;其次是现代科技、文化艺术和自然科学,占比分别为45.98%、44.92%和41.43%;最后是育儿、地理历史,占比分别为24.13%和19.73%。男性最关注的科学普及主题是现代科技和自然科学,占比分别为58.75%和50.63%;其次是社会热点、健康与医疗,占比分别为45.63%和45.00%;再次是文化艺术,占34.69%;最后是地理历史和育儿,占比分别为25.63%和14.03%。

(二)文化程度

1.受众的文化程度与浏览频次的关系

以"受众的文化程度"为自变量、"受众上网浏览科学普及信息的频次"为因变量做单因素分析,结果见数字资源包表4.3所示,浏览频次($F=3.095, P<0.01$)与受众的文化程度显著性相关。根据数字资源包图4.4可以看出,文化程度为高中($M=3.115$)的受众,其上网浏览科学普及信息的频次要显著高于本科($M=2.861$)、小学及以下($M=2.200$)文化层次的受众。

2.受众的文化程度与形式需求的关系

以"受众的文化程度"为自变量、"受众对网络科学普及表现形式的需求"为因变量做单因素分析,结果见数字资源包表4.4所示,除文字以外,图片、动画、音频、视频、游戏、3D展览、互动体验和虚拟现实等科学普及表现形式均与受众的文化程度存在显著相关性,说明不同文化程度的受众所喜欢的网络科普形式存在差异。

在各类形式需求上,文化程度的差异大小可从数据资源包图4.5得出。在图片这一表现形式上,硕士($M=0.761$)学历受众对于它的需求最大,其次是本科($M=0.670$),再次是高中($M=0.545$)和初中($M=0.419$),最后才是小学及以下($M=0.400$)和博士($M=0.385$)。在动画、音频、视频、游戏、3D展览、互动体验及虚拟现实等表现形式需求上,也存在显著的学历差异(相关统计数据请见该书配套电子资料包图4.5)。

3.受众的文化程度与内容需求的关系

以"受众的文化程度"为自变量、"受众的内容需求"为因变量做单因素分析,结果见数字资源包表4.5所示,不同内容需求与受众的文化程度显著性相关。在各内容需求上,文化程度的差异大小的统计数据详见数字资源包图4.6所示。在职业需求上,硕士($M=0.630$)学历受众的需求是最高的,然后依次是博士($M=0.583$)、初中($M=0.419$)、本科($M=0.406$),相比而言,高中($M=0.206$)和小学及以下($M=0.200$)学历受众需求最低。文化程度在小学及以下最感兴趣的是生活和其他领域方面,文化程度为初中、高中、本科、博士在学习领域上的需求最高,而文化程度为硕士的受众在生活领域上的科普需求最高。

(三)职业

1.受众类别与浏览频次的关系

以"受众类别"为自变量"受众上网浏览科学普及信息的频次"为因变量,做单因素方差分析,结果见数字资源包表4.6所示。浏览频次($F=1.728, P<0.05$)与受众的类别呈显著性相关。各职业的平均上网浏览科学普及信息的频次见数字资源包图4.7所示,即大学教师($M=3.417$)的浏览频次最高,然后依次是企业职工($M=3.406$)、大学生($M=2.867$)、研究生($M=2.800$),而初中教师($M=2.733$)和小学生($M=2.571$)的浏览频次最低。

2.受众类别与形式需求的关系

以"受众类别"为自变量、"受众对网络科学普及表现形式的需求"为因变量做单因素分析,结果见数字资源包表4.7所示,图片($F=1.882$,$P<0.05$)和动画($F=1.832$,$P<0.05$)这两类网络科学普及表现形式与受众的类别显著性相关。相比其他类别,高中教师更喜欢图片和动画这两种科学普及形式。

3.受众类别与内容需求的关系

以"受众类别"为自变量、"受众的内容需求"为因变量做单因素方差分析,结果见数字资源包表4.8所示,职业发展($F=2.850$,$P<0.001$)和学习($F=10.081$,$P<0.001$)这两类科普内容需求与受众的类别显著性相关。在职业发展这一内容领域需求上,高中教师($M=0.700$)需求最大,说明高中教师注重通过互联网科普促进自身专业发展。而在学习这一内容需求上,大学生的需求最大。

(四)受众网络素养与科学普及效果的关系

网络素养是指网络用户在了解网络知识的基础上,正确和有效利用网络,理性地使用网络信息为个人发展服务的一种综合能力。然而,调查发现在少数民族地区受众网络素养不高仍然是一个突出的问题。对于"没有通过互联网获取科普信息的原因",有56.3%的被调查者选择"没有上网习惯或不会利用网络查找信息""对网络科普不感兴趣"和"自身文化程度受限",这与当地经济文化水平,以及民众的受教育程度关系密切;79%的被调查者表示,应该"适应地区教育水平"以增加互联网科学普及在民族地区的适应性。此外,其他相关研究也证实西南少数民族地区的网络化发展依然落后于国家平均水平[1],非少数民族地区受众对互联网的熟悉和使用度远高于少数民族地区[2]。

---

1 "中国信息社会测评研究"课题组.冲出迷雾:中国信息社会测评报告2013[J].电子政务,2013(8):70-71.
2 陈峻俊.发展传播学视角下鄂西民族地区互联网策略研究[J].西南民族大学学报(人文社会科学版),2012(11):149-150.

第三节 | 传播内容对基于"互联网+"的民族地区科学普及的影响

"互联网+"科学普及在民族地区推广的过程中,传播内容对民族地区居民的吸引程度直接影响着传播质量和效率,具体表现为主题类型和民族适应性对科学普及的影响。

一、不同主题对科学普及的影响

科学普及主题内容在社交媒体中是吸引人们关注、影响人们分享的重要因素。基于内容要素的传播效果分析有助于增强传播信息内容的核心竞争力,提升传播效率和质量。

(一)健康与医疗

健康水平的提高对于贫困的缓解具有重要作用,少数民族地区公共卫生事业发展滞后的现状直接影响贫困地区农民的健康。而健康水平下降又会影响收入水平的提高,使贫困状况进一步恶化。少数民族地区的群众通过互联网检索可以了解到自然环境、文化习俗、社会经济和农村公共卫生等情况。

健康与医疗的科学普及形式包括:科学普及网站检索、微信等公众号推送健康文案、专门的健康医疗相关APP等。由数字资源包图4.8可知,在获取健康与医疗主题的科学普及知识时,民族地区公众倾向于选择网易等综合网站上的科学普及频道,其次是百度等搜索引擎,再其次是微信公众号等,而选择专门科学普及网站的倾向性相对较低,专业科学普及网站的宣传力度有待加强。

(二)自然科学

自然科学的科学普及形式包括:科学普及网站检索、自然科学期刊推广、专门的自然科学APP等。以"网络获取科学普及知识的来源"为自变量、"受众的主题需求"为因变量进行单因素分析,发现自然科学这一主题需求($F=3.534, P<0.01$)与受众从网络获取科学普及知识的来源显著性相关。结果见数字资源包表4.9所示,我们可以看到,为了满足自然科学这一科学普及主题需求,受众优先考虑的是知乎等手机APP客户端($M=0.515$)和网易等综合网站上的科学普及频道($M=0.502$),

其次是其他来源($M=0.489$)与百度等搜索引擎($M=0.484$),再次是专门的科学普及网站($M=0.446$),最后才会考虑微信公众号($M=0.322$)。(相关数据见见数字资源包表4.9)

(三)育儿领域

随着社会的发展和时代的进步,社会各界对家庭教育重要性的认识愈加明确。随着互联网的普及,民族地区群众可以通过互联网直接了解育儿知识,以便实现教育观念的更新。常见的育儿内容科学普及形式包括:教育网站检索、微信等公众号推送教育相关文案、专门的育儿APP等。

育儿领域这一主题需求($F=2.574,P<0.05$)与受众从网络获取科学普及知识的来源显著性相关,结果见数字资源包表4.10所示。通过分析数据我们可以看到,为了满足育儿领域这一科学普及主题的需求,受众优先考虑的是论坛和博客($M=0.400$),其次是其他来源($M=0.311$),再次是网易等综合网站上的科学普及频道($M=0.225$)与百度等搜索引擎和专门的科学普及网站($M=0.193$),最后才考虑微信公众号($M=0.163$)。

影响育儿领域内容科学普及的因素主要包括直接环境系统、间接环境系统和宏观环境系统(周迎亚,2018)。直接环境系统需要明确支持的具体内容,包括肯定、优化并推广家长对早期育儿的科学观念与做法,全面充实家长育儿知识,提高父亲育儿参与积极性,提升家长对教育过程中孩子困扰行为的情感接纳度,提升亲子互动质量,有针对性地解决地方差异中的一些突出问题。间接环境系统需要通过社区工作来对家长进行支持,包括开展培训、组织亲子活动、提供物资、建立核心家庭工作机制以及建立卫生部门监督和服务机制。宏观环境系统需要将民族性和地方性作为进行家长早期教育支持的重要切入点,将当地独特的地方和民族资源与早期育儿的要点进行结合,在支持过程中充分加以利用。

(四)现代科技

现代经济和社会的发展离不开科技的进步。"科学技术是第一生产力",它不仅作用于经济和社会生活,也对民族文化的创新和发展起着重要的支撑和推动作用。互联网现代科技科学普及形式包括:专门的科学普及网站、网易等综合网站上的科学普及频道、百度等搜索引擎和微信公众号等。

现代科技这一主题需求($F=3.788, P<0.01$)与受众从网络获取科学普及知识的来源显著性相关,结果见数字资源包表4.11所示。通过分析数据我们可以看到,为了满足现代科技这一科学普及主题的需求,受众优先考虑的是专门的科学普及网站($M=0.614$),再次是百度等搜索引擎($M=0.563$)、知乎等手机客户端($M=0.545$)、论坛和博客($M=0.533$)网易等综合网站上的科学普及频道($M=0.498$)、其他来源($M=0.422$),最后是微信公众号($M=0.392$)。

由于特殊的文化环境需求,少数民族地区的科技信息交流以科学技术普及的方式为主。影响少数民族地区科技传播效果的因素主要包括:政治因素、人口结构(年龄、性别)、文化结构、沟通能力、媒介素养、民俗规范等。各影响因素在功能上存在差异,其中民俗规范、媒介素养为显性因素,其余皆为隐性因素。影响因素之间,也存在着相互作用,其中文化结构因素与其他因素的相关性最为显著。对文化结构因素的正确疏导,能够促使其他因素向促进少数民族地区科技传播的方向发展。

(五)社会热点

社会热点与民族地区思想政治教育有着天然的关联和较为紧密的契合。社会热点视角下,做好民族地区思想政治教育,对于加强意识形态工作、培育和践行社会主义核心价值观具有重要意义。

互联网社会热点科学普及形式包括:专门的科学普及网站、网易等综合网站上的科学普及频道、百度等搜索引擎、微信公众号等。

社会热点这一主题需求($F=3.567, P<0.01$)与受众从网络获取科学普及知识的来源显著性相关,结果见数字资源包表4.12所示。通过分析数据我们可以看到,为了满足社会热点这一科学普及主题的需求,受众优先考虑的是知乎等手机客户端($M=0.636$)与论坛和博客($M=0.600$),然后依次是微信公众号($M=0.580$)、网易等综合网站上的科学普及频道($M=0.564$)、百度等搜索引擎($M=0.544$)、其他(($M=0.511$),最后才会考虑专门的科学普及网站($M=0.313$)。

铸牢中华民族共同体意识是国家发展过程中必须要解决好的重要问题。在重大热点舆情事件中,媒体不仅是大众获取信息的平台,同时也对公众起到很重要的舆论引导作用,甚至影响涉事主体如何回应此舆情事件。在民族地区热点舆情事件中,内蒙古和云南是舆情发生的重点地区,每年12月份是民族地区舆情热点高峰月,舆情传播具有民族性与复杂性、隐蔽性与难以控制性、地域性与多样性等特点;媒体在民族地区舆情事件中具有较强引导力,传统媒体能够抓住原点新闻,客观真实报道舆情事件,但缺乏及时介入化解危机的能力。新媒体反应迅速、传播广泛,但鱼龙混杂,事实与谣言难辨(关晓菲,2014)。因此,要正确发挥知乎等手机客户端传播渠道在社会热点上的舆论引导作用,建立官方媒体、主流媒体与传播受众双向互动模式,杜绝碎片化信息造成断章取义的后果,构筑中华民族共有精神家园,促进各民族交往交流交融,帮助民族地区人民牢固树立社会主义核心价值观,坚定"四个自信",做到"两个维护"。

二、传播内容的民族适应性对科学普及的影响

根据调查结果显示,民众心目中影响民族地区科学普及传播的因素主要包括:适应地区教育水平($M=3.44$,5分制量表)、联系生产生活实际($M=3.36$)、体现民族传统科技文化($M=3.34$)、体现人文地理特点($M=3.33$)、体现民风民俗($M=3.28$)等。以下将重点分析少数民族地区的语言障碍对民族特色网络科学普及的制约。

少数民族聚集的地区通常是经济欠发达的地区,部分少数民族还延续着相对原始的农耕文化。我国目前绝大多数的科学普及信息是国家通用语言文字材料,很多少数民族群众的国家通用语言文字水平达不到顺利阅读和交流的程度,这严重影响了互联网科学普及的效果。在浏览科学普及信息方面,15.7%的被调查者表示有语言障碍,并认为语言障碍对科学普及内容的接受有较大的负向影响。16.60%的被调查者会因"少数民族语言科学普及内容少"而不会通过互联网浏览科学普及信息。由调查结果可以看出(见数字资源包图4.9所示),有语言障碍的人们对于互联网信息的接受程度不同,所有人都认为语言障碍影响科学普及,其中12.34%的被调查者认为影响极大,22.73%的被调查者认为影响较大。应基于少数民族地区受众的国家通用语言文字水平,切实提出科学普及适应策略,减少和消除他们的学习障碍。

第四节 | 传播媒介对基于"互联网+"的民族地区科学普及的影响

媒介融合实质上是数字技术、网络技术、通信技术和人工智能技术在信息传播领域普及的表征。这一表征经互联网的融入和催化出现了"化学反应",产生了一种可以摆脱时间、空间限制,能够完成"脱域"传播,生成最接近现实的"虚拟现实"的传播革命。传统大众传媒在此次传播革命中的任务是自身的数字化、网络化和智能化升级改造,重点是推进传统媒体的融合转型,方向是打造全新的传媒形式——网络传播新媒介。[1]报纸杂志、广播、电视、电影、互联网、手机等大众传播媒介,尤其是近年来以网络、手机为代表的"第四媒体"和"第五媒体"已深深渗入民众中,带来了信息传播领域的全新变革和媒介空间的扩大,新的传播媒介日渐成为民俗文化传播的重要载体和传播途径,加速了不同区域、不同环境下文化的交流和融合(陈燕,2012)。传播媒介的发展程度、被接受程度和基础设施条件对基于"互联网+"的民族地区科学普及有着重要的影响。

一、传播媒介的发展程度影响科学普及

少数民族地区互联网的发展呈现出两极分化的特点,受众网络素养不高仍然是一个显著的问题。通过调查发现,平原地区受众对互联网的熟悉和使用度远高于山区,而且在少数民族地区现实生活中经济收入水平较高的受众对于互联网的拥有更加容易,如政府工作人员,一些较有实力的私营企业者,学校教师、学生都可以比较容易地拥有互联网这一信息传播工具;而作为人口组成主体部分的农民却有90%的人从未接触过电脑,不仅不会用,对电脑了解也不够。在少数民族地区,政府对于互联网的发展的指导作用相对于其他地区而言显得更大一些(陈峻俊,2012)。

互联网的迅猛发展及其影响力的迅速增加,使得媒介环境与现实环境融合的速度也在加快。尽管各种数据显示,当前受众的兴趣正在迅速且大规模地向互联网等新媒体转移,且已导致国内外一些传统媒体关闭,但总体上,传统媒体仍然将

---

[1] 张殿元,张殿宫.人文、技术和规制:认知网络传播媒介的三个维度[J].中国地质大学学报(社会科学版),2018(5):1.

在一定时期里继续存在并发挥作用。随着互联网的进一步发展,社会椭圆形结构逐渐形成。[1]以手机这一"第五媒体"的发展为例:手机上网作为手机媒体的一项重要功能,正日益得到广泛的运用。调研发现,鄂西民族地区,手机上网的功能得到了广泛的应用和重视。在鹤峰县,49.7%的用户使用手机上网,在恩施市,则有66.3%的用户使用手机上网。2012年1月,中国互联网络信息中心发布的CNNIC第29次《中国互联网络发展状况统计报告》显示,手机即时通信尽管已经是渗透率最高的手机应用,但在2011年其使用继续有大幅度的增长,同比增幅达15.4个百分点。这种状况主要由两方面原因造成:一方面是即时通信是目前很多手机网民使用手机上网的唯一目的,另一方面手机即时通信工具的使用门槛大幅降低,非智能手机上也能登录使用。(陈晨,2012)手机的应用程度在一个侧面影响了手机的普及程度,进而在一定程度上影响科学普及。

根据民族地区基于"互联网+"科学普及现状调查问卷的结果,"没通过互联网了解科学普及"的原因,有17.30%是因为网络条件不好,11.35%是因为"我没有上网的习惯或我不会在网上查找信息"。传播媒介需要在民族地区打开市场,扩充其受众面,变得更普及、更惠民、更简易。传播媒介的发展与普及有利于加深民族地区民众对传播媒介的了解、掌握和运用的程度。(相关数据见见数字资源包表4.13所示)

二、传播媒介的被接受程度对科学普及的影响

新媒介技术的出现首先改变了人们社交的方式,也改变了人们的工作方式,使得人们的媒介使用习惯变得无规律、碎片化、超载化和移动化。从中国网民的使用习惯上来看,其对于各种各样应用的使用呈现一种百花齐放的态势,除了即时通信工具的使用率继续攀升占据了第一大网络应用的地位之外,搜索引擎、网络新闻、网络音乐、博客个人空间、网络视频、网络游戏和网络购物的使用率都超过了50%。民族地区,手机媒体制造的短信祝福盛宴也是传播民族文化的重要方式,例如在"女儿会"等鄂西传统节日时,狂欢化的节日祝福短信可以起到渲染节日文化传承氛围的作用,提升人们对节日的关注度和认可度,而这也从理念上起到继承传统文

---

1 谢念.互联网背景下的区域传播力提升研究——以贵州省为例[D].武汉:武汉大学,2015:42-43,81-82.

化的作用。随着2010年微博的广泛应用,自媒体的发展使得每个人都可以成为传播者,让各地网友第一时间观看到撒尔嗬等民俗仪式的现场表演。撒尔嗬文化的传承者可以在当地举行撒尔嗬丧葬仪式时拍下现场真实的图片和视频,通过手机上网发布在相关论坛、帖子中。政府通过传播媒介(手机)这一渠道发布相关信息,将其视为政府与民众沟通的工具。以湖北省鹤峰县的实证调研数据为例,74.3%的人都接受过政府部门发布的信息,如相关政策、天气变化等。在恩施市,79.8%的人都接受过政府部门发布的信息。

这些多应用的操作内容,使得新媒介的使用走向了无规律化(汪思梦,2015)。但是,由于城乡差异、地区差异、民俗文化和个人因素的影响造成了不同地区间媒介发展水平的差异。由于人均产出较低、受教育水平不高、科技投入不充足以及基础设施薄弱等因素,导致传媒不可能跨越经济、文化等差异而实现地区间的均衡发展。而个人的媒介使用方式与习惯、对媒介的利用程度及满意程度等方面的差异也是媒介发展水平不均衡的一种表现(汪思梦,2014)。例如,在本课题组的实证调查中,发现69.30%的人通过互联网了解科学普及的相关内容,11.00%通过书籍等纸质媒体,8.50%通过电视,5.10%通过科学普及活动,0.50%通过广播,5.60%是通过其他方式。无论是地区间媒体建设的差异,还是受众个体使用媒介方式、习惯、利用程度等的差异,都会影响到民族地区"互联网+"科学普及的传播质量和效率。

受众对传播媒介的使用习惯在很大程度上决定了科学普及的方式。根据调查结果,受众最常在百度等搜索引擎、微信公众号、腾讯等综合网站上的科学普及频道上获取科学普及知识。以微信为例,微信以其快捷的模式得到了多数民众的青睐,受众更愿意选择微信作为沟通的桥梁,有48.20%喜欢用微信来分享科学普及信息,微信已日渐成为民族地区科学普及的重要渠道。在微信平台进行科学普及的过程中,"传、受"双方的传播地位是完全平等的。科学普及公众号提供免费和开放式的订阅服务,微信用户可以自主选择订阅,用户的选择、分享和转发对科学普及公众号的影响力有决定性作用(苗雨雁,2016)。微信科学普及内容根据来源可分为原创内容与转发内容两种。收到信息的个人用户不仅可以分享、评论、转发,还可以创作或加工他人信息后再次传播。"零门槛"的社交传播媒介使得受众能够突破与传播者间的界限成为"用户",用户不再是传播的终点,而是网络节点,与无数个用户构建成传播网络,内容通过人际关系节点实现高效率式传播效果。

三、传播媒介的基础设施条件对科学普及的影响

目前,网络视频、音频信息用户和消费占据了网民总量和整个互联网消费流量的70%以上。这些信息具有传播主体复杂、内容海量、信息再生、形式新颖、对象多变和价值稀疏等特点,以线上和线下相结合的方式在传统有线电视、卫星电视、数字高清电视、IP电视、手机电视、车载电视、楼宇电视上展示,并在门户网站、社交媒体(QQ、微博、微信)、网络信息平台、网络直播室等互联网上广为传播,构筑了网络传播的新媒体时代(张殿元、张殿宫,2018)。

互联网基础设施建设不足,势必带给用户较差的网络体验,使其使用互联网的热情受挫,从而影响互联网媒体的口碑,反过来又限制了互联网使用者的增长。互联网使用者相对较少,其支付的费用不足以承担大量基础设施的建设成本,又会造成相关建设的延迟。因而,少数民族地区互联网基础设施落后和互联网普及率相对较低的状况,可能会形成一种恶性循环,给少数民族地区传播媒介的长远、健康发展埋下隐患(谢念,2015)。甚至有部分少数民族地区连基本的电费、人员工资、设备维护费、信息流量费等都成为无法解决的困难,这就直接导致互联网入户的困难,进而极大地制约了民族地区科学普及。

第五章 基于"互联网+"的民族地区科学普及模式

第一节 | 民族地区传统科学传播模式的发端与形成

一、科学传播模式的概念和内涵

汉语中与"样"字含义相近的汉字主要有模、镕、型、范、式等。《说文》中注解:"模,法也。"清段玉裁注:"以木曰模,以金曰镕,以土曰型,以竹曰范,皆法也。"师古曰:"镕,铸器之模范也(按:镕在器外,镶在器内,两物相需而成一型,木曰模、水曰法、土曰型、竹曰范、金曰镕)。"此外,《说文》对式字的解释也是"法也"。模式一词则在此基础上,从具体的模型、方法逐渐具有抽象的含义。近人对模式的界定主要有以下几种。

定义1:对任何一个领域的探究都有一个过程。在鉴别出影响特定结果的变量,或提出与特定问题有关的定义、解释和预示的假设之后,当变量或假设之间的内在联系得到系统的阐述时,就需要把变量或假设之间的内在联系合并成为一个假设的模式。模式可以被建立和被检验,并且如果需要的话,还可以根据探究进行重建。他们与理论有关,可以从理论中派生,但从概念上说,他们又不同于理论。

定义2:模式是一种重要的科学操作与科学思维的方法。它是为解决特定的问题,在一定的抽象、简化、假设条件下,再现原型客体的某种本质特性;它是作为中介,从而更好地认识和改造原型客体、建构新型客体的一种科学方法。从实践出发,经概括、归纳、综合,可以提出各种模式,模式一经被证实,即有可能形成理论;也可以从理论出发,经类比、演绎、分析,提出各种模式,从而促进实践发展,模式是客观实物的相似模拟(实物模式),是真实世界的抽象描写(数学模式),是思想观念的形象显示(图像模式)。

定义1将探究活动看作一个动态的过程,而模式就是变量和假设之间的联系,此处的模式类似于数学的函数关系式,而且模式本身也是可以不断被修正的。定义2强调了模式作为方法的一面,强调了被抽象出来的模式与原型客体之间的表征与被表征的关系。

本书中,我们认为模式概念是从具体的模型概念抽象、演绎而来,为了研究的需要,从复杂的事物中通过概括、归纳、综合,抓住其主要因素、各因素间的关系及事物变化的过程,力图以此来表征复杂事物。

此外,在讨论科学传播时,有学者指出科学传播的结构包括:谁来传播,传播什么,向谁传播,此外还讨论了科学传播的渠道,即"怎样传播"(田松,2007)。还有学者以系统论为理论起点和依据,对科学传播系统进行了结构分析,将现代科学传播系统划分为科学传播主体、中介、客体、目的四个基本要素(何郁冰,2004)。传播学奠基人之一,哈罗德·拉斯韦尔1948年曾提出传播的"5W"模式:谁(who)——说什么(say what)——所采取的渠道(what channel)——对谁(to whom)——取得了什么效果(with what effects),传播过程中的五要素为传播者、讯息、媒介、受众、效果(Lasswell,H.D.,1964)。此后,又出现了不少修正模型(吕杰、张波,2007)。

对于科学传播这一复杂事物而言,若要从中抽象概括出模式,则至少应该包括传播者、受众、传播内容、传播方式以及传播目的五部分内容,其中,传播者指科学技术的掌握者,换句话说是信息的发出主体;受众指科学技术的接受者,亦即本书中所说的信息的接收主体;传播内容,亦即具体的科学技术、科学知识;传播方式,亦即通过何种途径、方法将科学技术从掌握者传播给受众。这样,通过传播方式、传播目的,将传播主体、接受主体、传播内容三者有机结合,形成一个相互联系的有机整体,共同构成了"传播模式"这一概念。因为上述要素的不同,便构成了科技传播的不同模式。

二、民族地区传统科学传播模式的形成与发展

科学传播在一定意义上是一个自发的过程,是在受众需求动力支配下,由传播者、受众、传播方式等因素所形成的一种信息交流和传递方式,其本身有一个形成、发展的过程。

(一)民族地区传统科学传播模式的发端

由于相关文献及其他资料的缺失,我们很难准确还原民族地区传统科技传播

模式的发端过程。本章主要从民间故事、风俗及人类学考察资料入手,探讨民族地区传统科学传播模式的发端。

英国人类学家马林诺夫斯基指出,风俗是一种依靠传统力量而使社区分子遵守的标准化的行为方式。我国有学者认为所谓民俗或者风俗主要指的是文化比较发达的民族,它的大多数人民在行为上、语言上所表现出来的种种活动、心态。它不是属于个别人的,也不是一时偶然出现的。它是集体的、有一定时间经历的人们的行动或者语言的表现。这种事象(包括语言产品),既然是集体的、传承的,它就必然要逐渐形成一种模式,换句话说,它被"定形化"了。它绝不是一种任意的、散漫的文化现象。以此理论,我们可以看出,风俗具有传统性、延续性、规范性、民族性等一些特征,对其中的人具有教育、规范的功能。

接下来,我们先来看几个相关案例。

案例1. 马头娘的传说与蚕桑科技传承模式的发端

关于蚕桑科技的起源,我国许多地方都有关于马头娘的传说。《搜神记》中记载:

旧说太古之时,有大人远征,家无余人,唯有一女,牡马一匹。女亲养之,穷居幽处思念其父,乃戏马曰:"尔能为我迎得父还,吾将嫁汝。"马既承此言,乃绝缰而去,径至父所。父见马惊喜,因取而乘之,马望所自来,悲鸣不已。父曰:"此马无事如此,我家得无有故乎?"亟乘以归。为畜生有非常之情,故厚加刍养,马不肯食。每见女出入,辄喜怒奋击,如此非一。父怪之,密以问女。女具以告父,必为是故。父曰:"勿言,恐辱家门,且莫出入。"于是伏弩射杀之,暴皮于庭。父行,女与邻女于皮所戏,以足蹙之曰:"汝是畜生,而欲取人为妇耶?招此屠剥,如何自苦?"言未及竟,马皮蹶然而起,卷女以行。邻女忙迫不敢救之,走告其父。父还求索,已出失之;后经数日,得于大树枝间。女及马皮尽化为蚕,而绩于树上,其茧纶理厚大异于常蚕。邻妇取而养之,其收数倍,因名其树曰桑。桑者,丧也。由斯百姓竞种之,今世所养是也。言桑蚕者,是古蚕之余类也……汉礼,皇后亲采桑,祀蚕神曰菀窳妇人、寓氏公主。公主者,女之尊称也;菀窳妇人,先蚕者也。故今世或谓蚕为女儿者,是古之遗言也。

上述材料是东晋时期的干宝在《搜神记》中记载的故事,该故事在《太平广记》中亦有记载。据《太平广记》记载,到了北宋,在四川省什邡、绵阳、德阳等地,"每岁祈蚕者,四方云集",可见其影响之大。到了近代,马头娘的传说已经传播到全国各地,特别是江苏、浙江等蚕桑主产区迄今依然广为流传。该故事中有大量神话成分,似乎与蚕桑科技并无直接相关,但是作为一种传说或信仰,对于人们了解蚕桑生产亦具有重要的参考价值。

"每岁祈蚕者,四方云集",一方面说明该传说影响之大,另一方面,也说明该传说已经演变为一种风俗习惯,在一定层面上影响了当地人的生活;而"皆获灵应,宫观诸化,塑女子之像,披马皮,谓之马头娘,以祈蚕桑焉"(李昉,1961),说明人们已经将其作为蚕桑能否丰收的庇护之神。因此,我们应该可以做合理之推断:每年祈蚕的集会,也是一个蚕桑知识、蚕桑文化交流的场所,这种交流从不同角度对当地人的蚕桑生产起到教育、规范作用。从这个角度而言,神话传说对于蚕桑生产,乃至蚕桑科技范畴的知识、技术的传承普及都具有重要的推动作用和价值。

案例2.《巴塔麻嘎捧尚罗》与傣族制陶科技传承模式的发端

最早记录傣族制陶的文献是傣族的创世史诗《巴塔麻嘎捧尚罗》。该诗中描述了万物的起源、人类社会的产生,从一个侧面展现了傣族古代社会生活的画面。其中,对傣族先民创造陶器的过程也做了详细的记录。据该诗描述,傣族先民在神的指点下学会了盖房子、种稻、养畜以后,神又指点人说:

人每天吃饭/人每天喝水/没有碗和锅/用什么来装/叶片太软了/树皮太脆了/装不了汤水/快用土做碗

水边有黑土/水边有黄土/黄土和黑土/是大地的污垢/人啊,去取来/用它捏"万"[1]/用它捏"莫"[2]/用它捏"盉"[3]

经过神指点/人又变聪明/桑木底把男女叫来/告知神的话/叫大家照做/于是众人啊/就跑到河边/就跑到山脚/取来黑色土/取来黄色泥/先捏碗/又捏盆/最后捏出锅

人多手也多/捏的不一样/有的捏成圆/有的捏成方/有的捏成筒/各形各样均

---

1 "万",傣语,即碗.
2 "莫",傣语,即锅.
3 "盉",傣语,即土盆.

有/刚捏好就用/拿去打水喝

这时人群乱/大人也喊/小孩也叫/"土碗不好/土盆不好/被水吃啦/随水跑啦/端着也重/不如用叶/不如用皮"

人说土碗不好/人怨土盆不牢/神在天上听见/就来指点人/告诉人们说/"千亿万年前/神火烧大地/大地变硬了/漂在大水中/不被水吃掉"

"如今土做碗/也得晒干后/再用火烧它/使土变硬/使碗变硬/装水水不吃/人用也好用/告诉你们吧/这叫作'贡莫'[1]/这叫作'贡万'[2]"

人听了高兴/就照着去做/捡来干树枝/烧火"贡万贡莫"

从那时候起/人学会捏碗/人学会烧锅/一代教一代。

这个神话包含了非常丰富的信息。

首先,叶片、树皮,因为太软、太脆等不足,不能满足人们日常生活的需要,这应该是陶器制作的主要动力和原因,虽然是借助创世神之口说出的。在此背景下,人们努力寻找叶片、树皮的替代品,而陶器作为最理想的目标被选中。

其次,"经过神指点","众人"跑到河边、山脚,取来黑色土、黄色泥,先捏碗,又捏盆,最后捏出锅,一定程度上,反映了人们发明陶器制品的过程。引文中说该"技术"是在神的指点下开始传播的,换句话说,神是制陶技术的传播者。当然,此处的神可以理解为是发明陶器的一系列先民的统称。

再次,众人去制作陶器,此处,众人是技术传播的受众。当然,在技术传播的过程中,施教者和受教者的角色是不断转变的,受教者学会相关知识和技术之后,很快就可能变成施教者,在此过程之中,技术得以顺利传播。

人们在神的指点下,用黑色土、黄色泥,捏出了碗、盆、锅等器具。制作原材料的选取、捏制方法等就是传播的技术内容;因为众人人多手也多,捏的不一样,有圆、有方、有筒,形制多元,这种貌似"杂乱无章",恰恰反映了技术传播过程中,技术本身的创新与演变。

该诗呈现了技术传播过程中,受众的态度。诗中所说"土碗不好,土盆不好,被水吃啦,随水跑啦,端着也重,不如用叶,不如用皮",相关材料为我们呈现了受众在

---

1 "贡莫",傣语,"贡"即烧,"贡莫"即烧锅.
2 "贡万",傣语,即烧碗.引文原注.

用土制品取代原来树皮、树叶等器具时所遇到的问题,以及对二者功能的比较,这也正是每一项新技术传播过程中所要遇到的。也正是这些问题的存在,"晒干""火烧"等技术得以发明,最终陶制品得以发明。至此,制陶技术逐渐成熟。

"从那时候起,人学会捏碗,人学会烧锅,一代教一代"。最初,"众人"在神的指点下学习相关技术。这可以看作技术的发端,当技术相对成熟以后,人们学会了捏碗、捏锅、捏盆,学会了烧制技术,此时技术开始一代一代地传承,开始了大规模传播的过程。

该故事以神话的形式为我们呈现了傣族地区制陶技术形成、传播的历程。可以说是西南少数民族地区传统科学传播的一个代表性案例。

案例3.《亚桑的故事》与藏族天文历法科技传承模式的发端

藏族古代史书《亚桑的故事》记述有:

> 纺线老人说了话:
> "亚拉相布是为奇,
> 吾是英雄比上你,
> 吾母死后吾继承,
> 星月推算的传统,
> 智者学识握吾手,
> 你们能有此学问,
> 为此好汉众商议,
> 奏给亚拉相布听,
> 纺织老人请往前,
> 第二周的初一日,
> 上弦半月半夜落。
> 第三周的初一日,
> 满月彻夜月光明。
> 第四周的初一日,
> 下弦半月半夜升。
> 第五周的初一日,

称为空天无月夜。

如此三合按顺序。

第一称谓暖风起，

第二长叶雨水降，

第三称谓果实熟，

第四称谓寒风起。

亚拉相布喜笑道

"吾是甲赤强有力，

然而老人言亦奇。

既然能知月表时，

要叙太阳怎表时。"

纺线女人笑开口：

"老人若言太阳时，

暖风吹起叶发时，

空中太阳向北移，

果熟寒风吹动时，

空中太阳往南移。"

这是出现于公元前100年布弟公杰时代的叙事诗，由引文材料可知：

首先，材料中所述的藏族天文历算科技知识的施教者以及受众是进行展示的老妪母亲与老妪（"吾是英雄比上你，吾母死后吾继承"），相关知识在母女间进行传承，这些知识是当时学者们的研究成果（"星月推算的传统，智者学识握吾手"），但是，展示的老妪在其间起到了综合归纳、传递的角色。其次，传承方式应该是口耳传授（"吾母死后吾继承"）。再次，从材料中所叙述的传承内容来看，这一时期的藏族天文立法知识相对成熟。

上述三个案例只是我国古代各民族科技知识形成与传播的发端。从材料中可以看出，相关知识的形成与传播几乎是同时发生的。科技知识在形成与传播的过程中，信息的输出者（施教者）、接受者（受众）、传播的目的、传播的方式、传播的效果等已经相对清晰。换句话说，从理论上讲，传统科技知识是先形成再传播，然而在实践中,二者几乎是同时进行的。

随着科技进步、社会发展,以社会物质、精神文明发展的需要为动力,传播模式也不断发展,并逐渐成熟。

(二)民族地区传统科学传播模式的发展

传统科技的传播模式的发展和相关科技自身发展以及社会发展密切相关,随着科技和社会的发展,科技传承也出现了不同的传播模式。

1.家庭中的科技传播

贵州黄平的苗家村寨历史上家家种桑养蚕,户户缫丝织绸,世代相传。其蚕桑技术具有鲜明的民族特色。当地有生一个姑娘种三棵桑树的习惯,其目的是让姑娘在成长的过程中,用桑树上的桑叶养蚕,并用所得蚕茧缫丝、织绸,而后将其作为姑娘长大后结婚时的陪嫁。乡间百姓养蚕、收茧、缫丝、织绸多系妇女自己动手,自养自收、自缫自染、自织自绣、自缝自穿、自给自足。其产品有蚕茧、丝线、丝织品、刺绣品等。

首先,材料中显示,科技传播的主体(施教者)、受体(受众),相对固定。这一地区历史上家家种桑养蚕,户户缫丝织绸,世代相传,因为这一生活方式的成熟与延续,所以相关科技知识在母女、姑媳间得以顺利传播。

其次,从传承内容而言,蚕桑知识发展相对成熟。传承内容包括种桑、养蚕、缫丝、纺织、印染、缝纫等内容,并且具有鲜明的民族特色,说明蚕桑丝绸技术自身发展相对成熟,反过来,也正是因为相关技术的成熟,又在一定程度上保障了知识传播的顺利进行。

再次,从传承方式来看,相关蚕桑知识主要在家庭内或者在社区中,以亲自实践、模仿的方式进行,受众学习具有"做中学"的特点。

最后,传承的目的是使受众掌握相关知识和技能,从而为其后续生活提供物质和精神保障。个体学习相关知识可以满足家庭自给自足,而在更大范围内的大规模传播则保障了社会蚕桑生产的繁荣与发展,进而可以满足传统农桑立国的目标。

此外,生一个姑娘种三棵桑树,在姑娘成长过程中,在养蚕织绸的过程中,养蚕、收茧、缫丝、织绸、刺绣、缝制等一系列生产环节与每一姑娘相结合,无意中,姑娘便在母亲、奶奶等长辈或朋友的帮助下熟悉了生产环节和技术,锻炼了操作能力,在与周围人进行交流的过程中,对所做丝织品进行比较,并能得到反馈,耳濡目染,潜移默化,蚕桑科技得到传播。该风俗起源已经很难考证,但是蚕桑科技的这种传播模式无疑逐渐成形。该案例可以说是民族地区传统科技传播模式的一个代表。

2.寺院中的科技传播

藏族地区寺院中的僧人对藏族天文历算的传播起到了重要的作用,其科技传播,从传播者、受众、传播方式、传播内容等都相对成熟。

《多仁班智达传》记载,多仁班智达在其家中长期雇有乌坚敏竹林寺的喇嘛却中巴为师,喇嘛却中巴已是他们家族三辈人的老师,家族内外对其格外尊重。这位老师曾授给他《汉地黑白算》《月光历算》等历算知识。其后他又拜出身持咒世家的敏竹林僧人吉日巴为师,自吉日巴处他学习了《央恰》《黑白算》《终身大运算》等术数。之后又拜俊美朗杰为师,并将其聘请到他在拉萨的家中……自俊美朗杰大师处,多仁班智达学习了如何测算日月食,关于这一点书中有这么一段记载:当他基本掌握了如何准确测算日月食的方法后,便开始推算,结果算出在藏历10月15日传统的白拉堆青(吉祥天母节)这一天将会出现月食。之后他把这一天月食出现的具体时间、食甚多少、入食开始的方向等相关具体内容贴到大昭寺正门上。到了那一天,结果非常准确,果然出现了月食,在民众中影响很好。随后他又算出日食将于藏历30号出现,不过他的老师告诫他说,日食测算不像月食那样准确,你要细心哦。他细心检查后,还是将自己推算的结果贴在了大昭寺门前。当时民众中有说"多仁班智达上回月食预测那么准,这一回出日食也准错不了,再说了班智达的后代怎么会出错呢"。不过令人遗憾的是,到了该出日食的那一天,整日晴空万里,阳光四射,根本没有日食出现的迹象,对此多仁班智达自述自己感觉非常惭愧。

上述材料表明:

首先,多仁班智达的老师至少有喇嘛却中巴、敏竹林僧人吉日巴、俊美朗杰等人。上述人员可以说都是当时西藏天文历法的翘楚,因此多仁班智达能够很快学到相关的知识,并准确预测了月食。

其次,多仁班智达本身非常好学,并且在学习知识的过程中能够应用已有知识推算日食、月食等天象。

从传播内容来看,多仁班智达系统学习了《汉地黑白算》《月光历算》《央恰》《黑白算》《终身大运算》等知识,具有相对完善的知识体系。

多仁班智达在学习过程中出现了预测月食成功与预测日食的失误。其实,恰恰是他预测月食的成功,以及预测日食的失误,为我们真实保留了藏族天文历法传播的一个侧面。这说明科技知识在传播过程中,知识的传播本身并非一帆风顺,而是在正确、错误的交织中不断发展。

除了上述的家庭、寺院中科技传播模式,随着我国近代社会的转型,近代教育体制及工厂形式的建立,学校、工厂成了科技传播的重要场所,因此也对应出现了学校、工厂中的技术传播模式。

3.个案研究

传统科技在传播过程中并非都是一帆风顺的。在面对困境时,为了顺利传播科技知识,传播者往往同时具有几种不同的身份,例如在下面的案例中,西双版纳傣族传统制陶者——玉勐,作为传承者兼具家庭、工厂、学校等不同传播模式的特点。

王东敏博士在2011年7月的田野考察中,对玉勐制陶学习、交流经历的访谈记录整理如下:

玉勐,1954年出生,曼斗人。祖父辈从景洪土司的制陶徭役寨曼勒迁来,祖母、外祖母都做陶,玉勐在家里排行老二,五兄妹中只有她一个人会做陶。她从小就经常看着老人们做陶,自己一边学做一边琢磨。

玉勐说妈妈那时做陶,烧好罐罐就挑着去勐养等地方,换些米、鸡蛋、草烟回来卖。但妈妈那时不准她做陶,想要她去做毛线衣,因为做陶取土、舂筛、和泥、取泥巴那些活都太累了(后来,在爸爸支持下,还是学会制陶)。经过长期的实践积累,现在玉勐烧陶已游刃有余,并总结出"三晒":晒稻草、晒柴火、晒罐罐,都晒好,装好窑,只要是太阳好就能烧了。

20世纪70年代,玉勐在陶器厂打过两年杂工,通电后,工厂做陶就改用电拉坯,从汉族学的龙窑烧制,那时厂里烧的是12仓龙窑。她每天走路1个小时到工厂,做拌泥、劈柴这些零活,像她这样的杂工不能进拉坯厂房。玉勐说当时幸亏没让她进去学习,不然的话现在就是在用快轮拉坯,而不是慢轮了。

后来,曼斗和曼阁一起办陶器厂,做烧锅、洗脸盆、花盆、水罐等日用品。陶器厂是用模具成型,厂子里曼阁8人,曼斗5人,再从其他村招了人,一共是28人,加上两个老师傅,也就是玉章凤的爷爷奶奶,共计有30人。那个陶器厂做几个月因为效益不好就停了。

玉勐说1985年以后她们那就用水桶接水,如果通了自来水可以直接接水用,不怎么用水罐了,陶罐销路不好。那几年她不做陶,就又回到家里继续割胶、种菜和织锦。

1983年,日本学者到玉勐那里了解做陶的方法。1988年,日本人第二次来考察,说日本有个活动,想邀请她参加,问她有没有能力出国,她直接就回复说:"不可以。"那时傣家女子不出远门,从小到结婚都没怎么出过远门,老人不允许出去,还要带孩子,有家务事要忙。日本人走了后,玉勐觉得日本人这么重视,她才又开始重新做起陶。1993年,日本人第三次来考察,并定做如下陶器:砂锅、水壶、水罐、大钵、小钵、莲花盆、油灯、糖罐、蜡台各一个,这套用品至今保留在日本的博物馆里。1996年,日本人来邀请她参加在日本佐贺举办的"世界陶瓷博览会",政府出面担保,她才同意带着女儿、弟媳去,在那里的部队、学校、工厂里都做过演示。她们在日本待了将近两个月,慢慢知道日本对这个非常重视的原因了,日本人认为这种做陶的方法是他们老祖宗的做法,接下来的几年,他们每年都来玉勐家一两回,来看看还做不做。最近这两年,韩国人来得比较多,他们的做法和我们差不多,但烧法不一样,而且做的大部分陶器是工艺品。美国、德国、英国、日本、新加坡及我国景德镇等地的国内外专家学者都对玉勐的慢轮制陶工艺做过详细了解和资料收集。

说到制作的陶器种类,玉勐说老祖宗做得最多的也就是煲汤、挑水、装水的罐,皇宫用的花盆之类的。以前赕佛用的陶女人不能做,而现在她做的样式要多很多。除了生活用品,还有赕佛用的那些小烛台、莲花盆,这些都是有季节性的。对于赕佛为什么用这些陶器,玉勐说"原来老祖宗就用这些陶器,赕佛就是把他们用过的这些赕给他们。"这两年水罐做得多,因为可以两用,既可以装茶也可以装水。用土罐装的凉水要比冰箱里的凉水甜,茶厂装茶叶用的茶罐透气性好,现在也很好卖。她自己还没办法独立搞创作,基本是照着订单的要求做。陶器容易破,家庭做饭早改用电饭锅,盛水用水桶了,现在家庭中陶器用量更少了。

对于目前慢轮制陶存在的困难,玉勐说之前曼斗都是黑心树林,1992年,曼斗成为景洪的一个风景旅游开发景点,修建了曼斗民俗活动村,后来政府开始规划征地,很多田地都盖房子了,土就难取了。有时村边盖房子时,挖两米以下的土,她们从别地拉土去交换,如去别的寨子取土,就要花钱买土。另外,烧陶用稻草也不好找,外地大都用收谷机割稻子,她们需要手割的成束的稻草,所以还要帮着人家割稻子。

玉勐说自从成为这项技艺的传承人,她经常会接待一些国际国内的研究人员,会参加一些传统技艺的交流展示活动,比如中国首届西部文化产业博览会、中国昆明福保首届乡村艺术节、非物质文化遗产技艺大展等,经常参与州里举办的各种有关傣族慢轮制陶技艺的传承活动,比如到职业技术学院给学生上慢轮制陶的课程等等。她说现在快轮更容易拉坯成型,能满足大批量生产的要求,而慢轮制陶速度慢,经济效益不理想。再加上现在年轻人受现代化的影响,对于这种口传手授、心领神会的传统手工技艺感兴趣的非常少,年轻人都不太愿意学了。问到是否愿意收徒弟时,玉勐说不管什么人我都愿意教,但是说学就得学会了才成,现在情况就是,来参观的人多,但来一两天就走,能专心学的太少了,怕累,怕泥巴,这样就没什么意思了。作为国家级非物质文化遗产保护的项目,政府每年补助3000元,买泥、买稻草,来个两批三批人,钱就花没了。

玉勐的女儿、媳妇虽然都会做陶,但现在还年轻,都想等年纪大点再做。丈夫、儿子也会帮着做些舂土、筛土、和泥、劈柴等体力活。现在曼斗村子里的人大部分靠出租房子给外地人来获得经济收入,玉勐家也出租了四间房子给外地人住。玉勐已经是专职做陶的艺人了,她说会按老辈子的做法一直做下去。

这则材料从一个侧面反映了近代以来,我国西双版纳地区传统制陶技术在与新技术碰撞过程中的融合、坚守,以及随着时代发展,传统制陶技术自身所做出的调整。同时反映了在上述背景下,制陶技术传播的变化。

首先,从传播者以及受众的角度来看,西双版纳傣族传统制陶技术主要是由女性进行传承的。玉勐的祖母、母亲、女儿、儿媳等既是技术的传播者,同时也是技术传播的受众。一代又一代傣族妇女在陶艺学习者和传授者之间转换角色的同时,使得制陶技术得以顺利传承。

其次,从传播内容来看,玉勐在传播过程中,对传统技术进行了取舍,融合了一些新技术。传统制陶,从陶坯制作到烘干和烧制,外人是都不允许看的。每次烧窑,要祭拜管理窑的神。其间多少内容具有科学成分,多少内容具有迷信色彩不属于本书讨论范围,但有一点可以肯定的是这一套烧制的程序在玉勐的传承中得到了取舍;对于传统制陶工艺,玉勐总结出要"三晒":晒稻草、晒柴火、晒罐罐。在后来的工作过程中(20世纪70年代),西双版纳傣族工厂制陶改用电拉坯,从汉族学了龙窑烧制,对于西双版纳傣族传统制陶技术而言,这些是属于新的、外来的技术,玉勐因偶然原因没有学会用快轮拉坯,而是坚持使用慢轮制陶,因为这种偶然,传统技术在玉勐这里得以延续。玉勐从小就经常看着老人们做陶,自己也会一边做一边琢磨,这种在学习过程中逐渐养成的"琢磨"的习惯,无疑为其取舍、传承相关技术提供了一种独特的视角。

第三,传播目的的变化。玉勐的祖母、母亲等传承相关技术的一个主要原因是为了换取生活物资。玉勐最初也是在此目的下学习、传播制陶技术。而随着社会发展,近些年玉勐的传播目的变为了传承该项非物质文化遗产,换句话说,保留传统技术本身变成了传播的主要目的。

第四,传播模式的融合。如果说传统制陶技术只是在家庭和社区中传播的话,玉勐本人(五兄妹中只有她一个人会做陶)则一身兼具家庭传播、工厂传播、学校传播等不同的角色和特点。玉勐身份的多元,反映了时代变迁背景下,传统技术传播过程中所遇到的困境,同时也反映了新的时代背景下,以玉勐为代表的传统技术拥有者对如何传播相关知识的努力。

第五,影响西双版纳傣族制陶技术传播的因素主要有现代生活方式的冲击、青年人世界观的变化、政府及社会团体的参与等。因为水桶、自来水等的使用,传统的水罐已结束其在人们日常生活中取水、存水的功能,因为社会需求的缺失,加之青年一代观念的变化,该技术本身的存续受到严重挑战,作为技术的拥有者,玉勐也提到"那几年她不做陶,就又回到家里继续割胶、种菜和织锦"。随着日本、美国、德国、英国、新加坡,以及我国景德镇等地的国内外专家学者对玉勐的慢轮制陶工艺的关注,以博览会、国家级非物质文化遗产保护项目为平台,原本面临失传的传统技术找到了新的传播途径。

第六，以玉勐为代表的制陶人员为传统制陶技术新发展进行了不懈的努力。与传统制作产品相比，玉勐做的样式要多很多。除了生活用品，还有赕佛用的那些小烛台、莲花盆等。新样式的出现扩大了陶制品的市场，但是从更深层面如何传承传统技术、如何发展传统技术仍是我们需要不断思考、不断探索的主题。

三、民族地区"互联网+"科学传播模式的形成与发展

近年来，互联网技术的发展对我们的生活方式产生了很大影响，其中，人与外界的交互方式也因为移动终端设备的迅速发展而发生了重要的变革。

在此背景下，以前借助于面对面交流而得以传播的科技知识，在现阶段，借助于互联网技术，可以跨越时间、跨越空间进行传播。随着传播方式更加便捷、传播成本的降低，传播内容更加系统、更加丰富多彩。传播过程中互动功能的增强，则使得受众参与度更高，因此能够起到更好的传播效果。

如本书作者在调查中发现，"互联网+"背景下，民族地区科学普及的新方式主要有科学普及微信公众号、科学普及网站、虚拟生态博物馆等不同方式。

(一)科学普及微信公众号

科学普及微信公众号是当下民族地区科学传播的有效方式之一。民族地区科学普及微信公众号数量丰富，例如，调查的科普新疆、创新内蒙古、宁夏微科普、大理科普、科普广西、科普湘西、藏地科普、德宏科普、黔东南科普等都是其中的代表。相关科学普及微信公众号，结构合理、内容丰富、定期推送，能够起到很好的传播效果。但是调查中发现原创性内容偏少，则是"互联网+"背景下民族地区科学传播接下来需要重点解决的问题。

(二)科学普及网站

与微信公众号的碎片化阅读相比，科学普及网站的内容更加丰富多样，也更加系统。如上文所引科普贵州网就设置了如下栏目："科技新闻""科普乐园""科普三农""找医生""谣言终结者""前沿科技""心理健康""科学探索""黔问题""解图知天下"。

(三)虚拟生态博物馆

虚拟生态博物馆是基于互联网技术,将传统实体博物馆所拥有的展览、演示、归档、管理等职能再现于网络的数字化博物馆。其特点是将博物馆资源数字化,并通过VR技术给参观者提供虚拟漫游、多媒体视频、语音讲解、文物三维虚拟仿真、图文介绍、实景再现、人机互动等体验,受众因此能拥有更全方位、立体化的身临其境、触手可及的参观感受。

与科学普及微信公众号、科学普及网站相比,增强受众的体验感是虚拟生态博物馆的最大特点。

在"互联网+"背景下,民族地区科学传播模式的发展正方兴未艾,具有很好的发展空间和前景。当然,在发展的过程中也存在诸如原创作品数量不足、原创作品质量有待提升等问题。也正是这些机遇和挑战,使得科学传播自身借助互联网的平台进一步深入发展。

第二节 | 民族地区"互联网+"的科学普及要素

哈罗德·拉斯韦尔在题为《传播在社会中的结构与功能》的论文中,首次提出构成传播过程的五种基本要素,并以此为基础创建了著名的"5W"传播模式。随着传播过程的不断改进,传播模式形成了直线、循环和互动、系统等类型。但是,不论哪一类模式,均涉及传播过程的五种基本要素。研究科学普及模式离不开传播理论的支撑,从传播理论来看,科学普及模式的要素也包括传播主体、传播内容、传播媒介、传播对象和传播效果。基于"互联网+"的信息传播和民族地区科学普及活动的特点,本节将分析科学普及模式中各个传播要素的内容。

一、科学普及的主体

科学普及的主体就是传播主体。传播主体是指在传播过程中承担信息收集和处理,直接或通过媒介,主动向传播对象发出符号信息的一方。传播主体既可以是个人,也可以是集体或专门的机构(谢柯、李艺,2016)。在传播学中,传播者又称信源,是指传播行为的引发者,以发出信息的方式主动作用于他人的人、群体或组织(郭庆光,1999)。综上,民族地区基于"互联网+"的科学普及主体,是科学知识等内容的传播者,包括科学普及个人、科学普及群体和政府科学普及部门。而科学普及活动是一种教育活动,所以,科学普及主体具有主体性、主体间性的特点。

(一)民族地区科学普及主体的类型

从民族地区传统科学知识传播模式形成与发展,以及民族地区基于"互联网+"的科学知识传播模式形成与发展来看,科学普及的主体涉及个人、群体和政府部门三类。其中,个人和群体是科学普及活动的执行者,政府部门则是科学普及活动的管理者。

科学普及个人是指从事科学普及活动的独立个体,包括专家学者、作家、记者和其他人员。作为科学普及个人,某些个体具备科学普及内容的提供、搜集、处理和宣传中的一个或多个属性。如博物馆讲解员,属于科学普及内容的宣传人员,可能仅具备宣传一种属性;而专家学者则可能既有科学普及内容提供的属性,也有科学普及内容宣传的属性。民族地区科学普及个人所拥有的科学普及内容主要是由民族地区具有地方性的知识构成,如藏历天文历法、西双版纳傣族制陶技术等。

科学普及群体是指各类协会或团体。其中,民族科学普及协会有辽宁省民族科普协会、德宏州民族科普创作协会、荔波县民间民族科普文艺协会等;民族科学普及团体有宁夏、云南、内蒙古、新疆、青海、四川、广西、贵州等8个省(自治区)的少数民族科学普及工作队。根据调查统计,截至2010年,我国少数民族科学普及工作队共有164支。科学普及群体与科学普及个人一样,具有科学普及内容的提供、搜集、处理和宣传等属性。科学普及群体在民族地区进行科学普及的内容也以民族地区地方性知识为主,如甘肃省少数民族科学普及工作队的一项内容就是负责编印和制作具有甘肃地域特色的农牧民种植、养殖技术读本。

政府科学普及部门的职能是统筹管理和协调科学普及活动。我国政府非常重视科学普及教育,新中国建立初期就在中央人民政府文化部设立了科学技术普及局这一部门,主要负责领导和管理全国的科学普及工作。2002年6月,我国颁布了世界上第一部科普法——《中华人民共和国科学技术普及法》。按照该法规的规定,我国各部门、各地方均设立了专门的科学普及管理机构。在国务院系统中,科普部门包括科技部、教育部、卫生部和农业部。其中,科技部负责制定全国科普工作规划,并进行科普工作的政策性引导和监督检查。在地方,由各级人民政府领导科学普及活动。

(二)民族地区科学普及主体的特点

从本质上来看,主体能够有意识地从事实践活动和认识活动以满足现实社会的需要(董耀鹏,1996)。科学普及的主体是科学内容的传播者,从教育的角度出发,该主体具有主体性教育和主体间性教育的特点。主体性教育是指教育者通过启发、引导受教育者的内在教育需求,创设和谐、民主的教育环境,有目的、有计划、有规范地组织各种教育活动,从而把受教育者培养成为能够自主地、能动地、创造性地进行认识和实践的社会主体(丛蔚、刘工等,2012)。主体间性教育则是指教育者和受教育者实现交互性交往,通过媒介使双方实现彼此理解(刘要悟、柴楠,2015)。

因此,作为科学普及的主体,不论是政府科学普及部门、科学普及群体还是科学普及个人,均具备目的性、计划性、实践性和能动性等特点。对于政府科学普及部门而言,就是根据现实社会需求制定科学普及法律法规以及科学普及规划,规范和监管科学普及活动,在科学普及活动中起着主导的作用。对于科学普及群体和科学普及个人而言,就是在科学普及法律法规和政府科学普及部门规划的指引下,根据其目的性,有计划地进行科学普及工作,在科学普及活动中起着重要的作用。

除此之外,民族地区的科学普及主体还有如下两个特点:第一,地域性。从地方政府科学普及部门来看,其行政权力仅在其行政区划范围内有效。对于科学普及群体和个人而言,其科学普及的目的和计划主要针对特定区域内的科学普及对象。所以,二者均具备地域性。第二,特殊性。地方政府科学普及部门进行的规划和监管等工作,其依据来源于民族地区的实际情况,不同民族地区的情况不同,因此需要进行特殊的规划和监管。

二、科学普及的内容

科学普及是面向大众的信息传播活动,信息传播的内容包括科学知识、技术能力和科技意识三个层面,其中,科技意识又包括科学方法、科学思想、科学精神和科学道德(刘新芳,2010)。本节将借助传播内容理论,对科学普及的内容进行分析,确定科学普及内容的划分依据和种类,得出科学普及内容的基本属性。综上,民族地区基于"互联网+"的科学普及内容,有五种类型和两种基本属性。

(一)科学普及内容的划分

基于"互联网+"的科学普及内容,是经过计算机处理所形成的数字化资源,需要借助数字媒体进行传播。数字媒体时代,传播内容可以根据传播活动的效果划分为话题、热点、焦点和现象(刘燕、陈勤,2018)。通过对传播内容的划分,能够提高传播内容投放的精准度,更好地提升下一次的传播活动效果。在科学普及活动中,为了更好地提升科学普及效果,科学普及资源也要按照一定的标准进行划分,如按照内容、科目、栏目、适用对象和时代(野菊苹,2013)。科学普及内容是科学普及资源的重要组成部分,因此,科学普及内容也应当根据一定的标准进行科学划分,以达到科学利用和科学传播。

科学普及资源广义上包括知识和信息,其资源的分类可以按照学科分类进行(吴砥、赵姝、杨晓露、张屹,2009)。《中华人民共和国学科分类与代码国家标准》(以下简称《学科分类与代码》,标准号:GB/T 13745-2009)规定了我国学科的分类,分为自然科学、农业科学、医药科学、工程与技术科学和人文与社会科学。该学科分类相对严谨、完善,系统地涵盖了人类社会所利用的知识和技能。科学普及内容主要以科学知识和技术为主,因此可以利用学科分类标准对科学普及内容进行分类。

需要注意的是,科学普及内容还存在非知识和技能的第三个方面,即意识。科学普及的目的是通过科学普及活动使科学普及对象产生自主的能动性。科学普及的意识是赋予科学普及对象产生自主能动性的重要保障。表面上看,科技意识在学科分类当中并不能够找到其确切的位置。但是,通过将科技意识细化,我们可以发现,科技意识中科学方法、科学思想、科学精神和科学道德存在于学科体系中,位于各学科的发展史或思想史部分。因此,可以说科学普及的意识是融合于科学普及知识和技术之中的。

综上,利用学科分类对科学普及知识、技术和意识的划分是可行的,保证了科学普及内容的完整性。

(二)科学普及内容的属性

知识是人们对于客观世界的现象、事实及其规律的认识。这里的客观世界就是人们生活的环境,包括自然环境和社会环境。由于地区环境之间的差异,不同地区的人们对于客观世界的认识也就不同,从而产生了不同的知识。技术是一个历史性概念,其含义不断发展和变化,但可以确定的是,技术本身则作为人类在生产、文化及社会活动中主客体的中介而存在。也就是说,技术受到自然环境和社会环境的共同影响。意识则是人脑对于客观世界的反映,是自然环境和社会环境长期发展的产物。同理,不同地区的人们在技术和意识方面产生的差异与知识一样,都是由于环境的差异而造成的。综上,知识、技术和意识三者具有成因方面的共性,即自然的和人文社会的两个方面。

有关自然环境的科学,如自然科学中的物理学、化学、天文学、地球科学、生物学和心理学;农业科学中的农学、林学、畜牧兽医学和水产学;医药科学中的药学;工程与技术科学中的自然科学相关工程与技术、食品科学技术和土木建筑工程等知识、技术和意识,均与民族地区独特的自然环境密切相关。受自然环境的影响,民族地区产生了独特的天文立法,如藏历;民族地区也产生了独特的医药学,如苗药、藏药。有关人文社会环境的科学,如人文科学中的语言学、文学、艺术学、历史学、社会学、教育学和体育学等知识、技术和意识,均与民族地区独特的社会环境密切相关。受民族地区社会环境的影响,产生的民族语言、民族文学和民族艺术不胜枚举。

属性指事物本身固有的特征、特性,是任何事物质的表现。科学普及内容的五种分类,根据其属性,均可归类为自然环境类和人文社会环境类。根据这种属性上的分类,在民族地区进行科学普及信息的传播,具有指导意义和实践价值。

做好民族地区的科学普及活动,就要对科学普及的内容进行整理和分析。首先,应当根据科学普及主题,对科学普及内容进行材料的整理。要依据学科的分类,按照学科知识、技术和意识等维度进行,从而保障科学普及内容的完整性、条理性等。其次,根据科学普及主题,对即将进行的科学普及内容进行属性分析,将科学普及内容建立在与当地自然环境和人文社会环境联系的基础上,可以保障科学普及的准确性和有效性,做到因地制宜。

民族地区科学普及对象对科学普及内容的需求,既有与其他地区科学普及对象需求相同的方面,也有基于本民族地区环境的特殊方面。具有特殊性的科学普及内容,在本民族地区和其他民族或非民族地区之间也都存在着差异性。如沿海渔业民族地区与内陆牧业民族地区科学普及内容的差异。这些差异的形成,往往是由于地区间的自然和人文社会环境属性差异决定的。

三、科学普及的媒介

媒介在传播学当中有两种含义,一是信息传播的载体,二是指从事信息处理的组织(郭庆光,1999)。媒介载体是指信息传播的渠道、信道、工具和手段(郭立,2017)。媒介组织是指信息采集、加工和传播的社会组织,如各类传媒团体。因此,从传播学的视角来看,科学普及媒介就是科学普及内容传播的渠道、信道、工具和手段,或是从事科学普及的社会组织。根据前文对科学普及的研究,此处的社会组织也就是科学普及的主体。因此,民族地区基于"互联网+"的科学普及媒介,将从渠道、工具和手段三个方面进行研究。

(一)"互联网+"科学普及内容传播的渠道

以知识为例,渠道就是知识经过知识提供方流动到知识接受方的通道和方式(翁莉,2012),一般具有两级或多级流程结构。基于"互联网+"的科学普及活动中,科学普及的内容通过网络渠道流向科学普及对象,也就是说,科学普及对象通过使用互联网终端设备获取网络中传输的科学普及内容。在这种情况下,渠道的流程结构类型主要包含以下三种:科学普及内容的提供者—科学普及内容的获得者;科学普及内容的提供者—科学普及内容的转载者或科学普及内容的承载者—科学普及内容的获得者;科学普及内容的提供者—科学普及内容的转载者—科学普及内容的承载者—科学普及内容的获得者。其中,科学普及内容的转载者是指将科学普及内容的提供者所提供的内容进行选择或修改后再进行传播的个人或组织,科学普及内容的承载者是指向科学普及内容的获得者提供互联网终端设备使用的个人或组织。

(二)"互联网+"科学普及内容传播的工具

基于"互联网+"的科学普及活动中,科学普及对象在科学普及活动中所使用的工具,一种是通过网络连接的客户端;另一种就是文字、音频、图像或是视频。客户端包括硬件和软件两类。属于硬件类的工具有电脑、智能手机、智能电视以及其他智能设备(投影仪、电视盒子、手表)等;属于软件类的工具有各类教育软件、社交软件、视频软件和音频软件等。这些工具通过相互配合,共同完成科学普及内容的传播。其中,客户端的硬件为软件提供运行环境,软件通过文字等形式完成科学普及内容的表达。

在"互联网+"科学普及内容传播的工具中,以软件类为代表,出现了一批使用不同民族文字的科学普及软件,如安卓系统中的"蓝色草原"等。蓝色草原是由内蒙古科学技术出版社开发运营的软件,其中的科普栏目为蒙语用户提供了有价值的服务。

(三)"互联网+"科学普及内容传播的手段

传统的科学普及通常以线下活动的方式展开。基于"互联网+"的科学普及活动中,其科学普及的手段主要以各类节目、课堂等线上活动的方式构成。科学普及对象通过对各类软件的使用,进行科学普及内容的浏览、学习和互动。其中,科学普及节目有科学普及中国之科学百科、中国青少年科学总动员和好奇实验室等;科学普及课堂学习主要有中国大学MOOC和网易公开课等。

目前,在民族地区,有关科学普及内容传播的手段,还有以借助山歌的形式呈现出来。把科普及内容融入山歌之中,寓教于乐,使群众在欣赏山歌独特民族风韵的同时,潜移默化地接受科学知识的教育(李宁,2017)。这种形式成为部分民族地区开展科学普及宣传的重要方式之一。

四、科学普及的对象

受传者又称信宿,是信息的接收者和反应者,可以是个人、群体或组织(郭庆光,1999)。科学普及的对象就是科学普及内容的接收者和反应者,因此,科学普及的对象就是受传者,有科学普及对象个体、科学普及对象群体和科学普及对象组织三个类型。受传者在大众传播学中又被称为受众,是由不同的个体所组成的集合体。从受众理论来看,不同类型的受众之间存在着差异。科学普及主体在民族地区开展"互联网+"科学普及活动,就要对科学普及对象进行分类,摸清科学普及对象的特点,进而推送有针对性的科学普及内容,才能获得更好的科学普及效果。

(一)民族地区科学普及对象的分类

科学普及对象个体是指单独的受传者个体。科学普及对象群体是指由单独的受传者个体组成的群体,即受传者群体。科学普及对象组织则是一种特殊的由单独的受传者个体组成的受传者群体。对科学普及对象分类,可以根据个体、群体和组织的属性入手。依据人口统计学对群体的划分,可以从性别、年龄、籍贯、民族、职业、学历等方面进行。对于群体的划分,还可以从社会关系学的角度出发,划分类别有家庭、单位、团体、政治、经济、文化等方面。

针对不同类型的科学普及对象,科学普及活动形成了不同类型的专题,如青少年科学普及、农村科学普及、干部科学普及、厂矿科学普及、部队科学普及、中高级科学普及和社区及老年人科学普及等(袁清林,2002)。从以上分类来看,有按照年龄段类型进行的科学普及,如青年群体(15—26岁)、老年群体(60岁以上);有按照职业类型进行的科学普及,如干部科学普及;有按照学历类型进行的中高级科学普及;有按照团体类型进行的科学普及,如农村科学普及;也有按照单位群体类型进行的划分,如厂矿科学普及和部队科学普及。

民族地区科学普及对象的分类,可以依据人口统计学和社会关系学,或是依据民族地区的自然环境和社会环境来确定。除比较常见的科学普及专题外,如青年科学普及、老年科学普及等,民族地区的科学普及对象可以由人口统计学中的民族项目或是社会关系学中的文化项目确定,这类科学普及对象就是具有民族身份的个人、群体或组织。民族地区的科学普及对象也可以由社会关系学中的经济项目确定。在自然环境中,民族地区的科学普及对象可以由自然村为依据进行确立。与之相对应,在社会环境中,民族地区的科学普及对象可以由行政村为依据进行确立。

(二)民族地区科学普及对象的特点

科学普及对象在科学普及活动中是主体与客体辩证统一的关系。其中,科学普及对象个体是科学普及活动中参与的客体,科学普及对象个体也是科学普及活动中学习的主体。科学普及对象个体在科学普及活动中作为客体,是由于科学普及的主体在科学普及活动当中能够有目的、有计划和有组织地安排科学普及对象个体进行学习,科学普及的主体在科学普及活动当中具有的主导作用。科学普及对象个体在科学普及活动中作为主体,是由于科学普及对象个体在科学普及活动中进行的学习,必须经过科学普及对象个体自身的主体化过程,即自主学习,才能完成参与科学普及活动的目的。

根据大众传媒理论来看,科学普及对象群体所包含的个体数量较多;群体中个体具有分散性和异质性的特点,广泛分布于社会各个阶层,具有不同的社会属性;群体中个体具有匿名性的特点,个体之间互不认识;群体中个体具有流动性的特点,群体组成的个体不固定;群体中个体具有无组织性的特点,缺乏明确的自我意识;群体中个体具有同质性的特点,即拥有某种共同行为的倾向。在"互联网+"背景下,群体还具备互动性、分享性和自主性等特点(杨继瑞、薛晓、汪锐,2015)。通过使用互联网终端设备,科学普及对象群体可以自主地选择学习内容,并且能够与其他科学普及对象群体中的个体分享科学普及内容或者互动讨论。

科学普及对象组织与科学普及对象群体有着相似性,但也有明显差异性。其中,差异性主要表现在以下几个方面:组成组织的个体数量有限;组成组织的个体相对固定;组成组织的个体具有一定的组织性等。

总体来看,民族地区的科学普及对象的个体、群体和组织均具备以上特点。但是,民族地区的科学普及对象,既有地区独特的自然属性,也有地区独特的社会属性。自然环境因素和社会环境因素共同影响着科学普及对象的思维认知、生活习惯等各个方面。由于其民族内部文化的影响,同一民族科学普及对象在传统性、延续性、规范性、民族性等方面有较强的一致性。因此,民族地区科学普及个体、群体和组织所具备的这些特点在某些方面表现出较强的趋同性。

五、科学普及的效果

传播效果是传播活动对传播对象产生的直接的、间接的或潜在的影响(郑萌萌,2016),可以划分为认知、态度和行为三个层面(陈致中、王肖莉,2016)。其中,认知是指个人获得或应用知识的过程(王燕,2018);态度是指个人对某一对象的评价和倾向(曹松兰、曹欣荣,2000);行为则是指个人心理外化的活动(余蓝、黄展,2014)。传播效果是传播活动作用的结果,而传播活动具有一个完整的传播过程,这个传播过程由传播的主体、内容、媒介和对象等要素构成。也就是说,传播效果是传播的主体、内容、媒介和对象等要素作用的结果。

(一)科学普及主体对科学普及效果的影响

在科学普及活动中,科学普及主体决定科学普及内容,科学普及内容影响科学普及对象。也就是说,科学普及主体对科学普及对象具有间接性的影响。这种间接性的影响主要在科学普及对象的态度层面产生作用。科学普及主体影响科学普及对象的评价和倾向表现为以下两个方面。

第一,权威性。作为科学普及主体的个人和组织是科学普及活动的执行者,其工作的主要任务就是向科学普及对象提供科学普及内容。科学普及内容的质量有优劣,优质的科学普及内容可信度高,而劣质的科学普及内容可信度低。科学普及对象参与科学普及活动的目的就是补足科学知识、技能等各方面的短板,往往缺乏分辨科学普及内容优劣的能力。因此,借助科学普及主体的权威性,科学普及对象能够初步分辨科学普及内容的优劣。权威性高的科学普及主体,通常可以获得科学普及对象的正向评价和倾向,有利于传播效果的提高。

第二,严谨性。科学普及主体为科学普及对象提供的科学普及内容,是经过有目的的筛选和处理的。从目的角度看,科学普及主体要完成科学普及活动,就需要调查科学普及对象的情况,及其所处的自然环境和社会环境。严谨细致的工作可以提高科学普及内容投放的精准度,更好地满足科学普及对象的需求,从而获得科学普及对象的认可,能够促进传播效果的提升。

(二)科学普及内容对科学普及效果的影响

科学普及对象是科学普及内容的接收者和反应者,因此,科学普及内容对科学普及对象的影响是直接性的。这种直接性的影响主要在科学普及对象的认知层面产生作用。科学普及内容影响科学普及对象的知识获得和应用表现为以下两个方面。

第一,系统性。科学普及对象参与科学普及活动,能够弥补知识、技能和意识的一个方面或几个方面存在的空白或短板。知识、技能和意识分别有知识体系、技能体系和意识体系,而体系是由不同的系统所组成的系统。因此,科学普及活动就是把科学普及内容系统性地传递给科学普及对象。根据短板理论来看,科学普及对象只有系统性地获得科学普及内容,科学普及活动的传播效果才能达到最好。

第二，实用性。学以致用，是科学普及内容传播的目标之一，也是科学普及对象学习的目的之一。具有实用性的知识、技能和意识，能够指导科学普及对象正确地、有效地进行生活、学习和工作。评价科学普及活动效果的标准之一，就是检验科学普及对象掌握科学普及内容的实际情况。也就是说，科学普及对象对科学普及内容的使用率越高，科学普及活动的效果也就越好。

(三)科学普及媒介对科学普及效果的影响

在"互联网+"科学普及活动中，科学普及内容经过科学普及媒介渠道、科学普及媒介工具和科学普及媒介手段三个环节最终呈现给科学普及对象，科学普及媒介直接作用于科学普及对象。因此，科学普及媒介对科学普及对象的影响是直接性的。这种直接性的作用主要在科学普及对象的认知层面产生影响。科学普及媒介影响科学普及对象的知识获得和应用主要表现为差异性。

首先，相同的科学普及内容在经过不同类型的科学普及媒介渠道后，可能会产生一定的变化。例如，在经过有科学普及内容的转载者或科学普及内容的承载者的科学普及媒介渠道后，科学普及内容的完整性可能发生改变。其次，不同类型的科学普及媒介工具的特点不同，在处理相同的科学普及内容时，可能会产生一定的区别。例如，科学普及对象在使用经文字或音频软件处理的科学普及内容时，感受较为抽象；科学普及对象在使用经图像或视频软件处理的科学普及内容时，感受较为直观。最后，不同的科学普及媒介手段在表达相同的科学普及内容时特点不一样。例如，科学普及内容通过电视节目的手段展现时，由于节目的时限性特点，科学普及的过程在一定程度上受到了压缩；科学普及内容通过课堂的手段展现时，根据课堂教学的特点，科学普及内容的展示往往更为详细。

(四)科学普及对象对科学普及效果的影响

科学普及对象有个体、群体和组织三个类型。不论个体、群体还是组织，科学普及对象在"互联网+"科学普及活动中均具备主体、互动和分享等特点。其中，主体是指科学普及对象自主学习科学普及内容；互动和分享是指科学普及对象与科学普及主体或其他科学普及对象的联系活动和信息沟通。从自主学习、联系活动和信息沟通来看，科学普及对象对于科学普及效果的影响是直接的，主要体现在行为层面，具体表现为行为活动的趋同性。

科学普及对象个体在经过对科学普及内容的自主学习后,通过科学普及对象间的互动和分享,表达或讨论对科学普及内容的观点。这种观点会在科学普及对象间逐渐形成共识,个体的观点转变成为群体的观点。在观点趋同的基础上,表现出行为上的趋同。对于科学普及活动而言,广大科学普及对象正向的、积极的趋同行为会增强科学普及的效果,反之则会削弱科学普及的效果。

第三节 | 民族地区"互联网+"的科学普及模式

通过对传播活动的分析,学者研究出了不同类型的传播模式。传统科学普及活动的传播模式可根据传播过程的特点,归类为其中的一个传播模式。而基于"互联网+"的科学普及活动,不仅具备传统传播过程的部分特点,还融合了"互联网+"传播过程的新的特点,从而形成了"互联网+"科学普及模式。除此之外,在民族地区,"互联网+"科学普及模式的构建还需要考虑民族地区的特殊性。

一、传统传播模式

模式既不属于内容范畴与形式范畴,也不属于目的范畴与结果范畴,而是属于一种过程范畴(赵红英、唐国华,2017),它是指某种事物的标准形式或使人可以照着做的标准样式,是解决某一问题的共同框架,具有较强的归纳性和推广性(王云才,2017)。在传播学发展的历史中,传播学研究者提出了许多的传播模式,具有代表性的传播模式主要包括拉斯韦尔模式、香农-韦弗模式、奥斯古德-施拉姆模式、德弗勒模式、赖利夫妇模式。这些传播模式是在传播学发展的不同阶段被提出来的,通过研究这些传播模式,可以发现传播模式迭代所发生的一系列变化,把握传播过程中的基本要素和结构。

1.拉斯韦尔模式

拉斯韦尔模式是传播学历史上第一个传播模式,也是传播学研究中应用最为广泛的模式之一,由美国学者拉斯韦尔提出,也称为"5W"模式。该模式由谁、说了什么、通过什么渠道、向谁说和有什么效果这五个传播要素构成,这些要素按照出现顺序依次排列,就形成了拉斯韦尔模式。这种模式的特点是把传播描述为一个单方向的线性传播过程。

2.香农-韦弗模式

该模式由香农和韦弗提出的一种单向线性传播模式,又称数学模式。该模式是对通信传播过程的一种理论描述,由信源、讯息、发射器、信号、接收器和信宿构成。香农和韦弗认为,信号的传播可能受到外界噪音的干扰,导致信宿接收到的信息与信源发送的信息不一致。模式中的噪音为其他学者在研究传播模式时提供了重要的启发。该研究结果表明信息的传播不是在封闭环境中进行的,传播过程的内外均可能受到不同障碍的影响,对于信息的传播来说是不可忽略的重要因素。

拉斯韦尔模式和香农-韦弗模式都是单向的线性传播模式,缺乏信息的反馈。这类模式在表达人类社会的传播方式时有明显的缺陷,未能体现人类传播的互动性,传播者和受传者角色、关系和作用固化,不能发生角色转换。实际上,在人类社会的传播活动中,这种转换是常见的,现实生活中的传播者又是受传者。

3.奥斯古德-施拉姆模式

奥斯古德-施拉姆模式是一种传播的循环模式。奥斯古德对香农-韦弗模式做了发展,认为在实际情况下,传播过程中的信息发送者和信息接收者都扮演着编码者、释码者和译码者的角色,发送者和接收者的角色能够相互交替。在此基础上,施拉姆提出了传播的循环观点,认为信息的发送者和接收者之间的传播过程是双向的,具有持续性。该模式的贡献在于把传统单向的、直线的传播模式修改为符合人际间传播的双向的、循环的模式。这种传播模式表明了人际传播是相互交流的过程,强调了社会传播的互动性。

4.德弗勒模式

德弗勒模式全称为德弗勒互动过程模式,又称大众传播双循环模式。德弗勒通过对香农-韦弗模式的修改,补充了反馈的要素,认为传播过程中的受传者既是信息的接收者,又是信息的传送者。同时,该模式还拓展了噪音的概念,认为噪音不仅对信息产生影响,而且对传达和反馈过程中的任何环节或要素都会产生影响。

5. 赖利夫妇模式

该模式是约翰·怀特·赖利和马蒂尔达·怀特·赖利提出的关于大众传播与社会系统关系的控制论传播模式。赖利夫妇认为，在社会系统中存在一个人际信息传播系统，该传播系统具有以下特点：第一，传播系统是社会系统的一个子系统，与社会系统相互影响；第二，传播系统内部也拥有子系统，包括群体传播系统、人际传播系统和人内传播系统，且子系统之间相互影响；第三，传播系统内部的子系统具有相对的独立性。

二、科学传播模型

模型是对研究对象的系统性抽象表达，这种表达不是完全的对研究对象进行描述，而是一种基本特征和过程的抽象。传播模型与传播模式一样，是对传播的一种标准性的描述。北京大学刘华杰教授综合了国内外科学传播的理论与实践，总结出当前科学传播面向大众的三种典型模型，它们依次为中心广播模型、欠缺模型（缺失模型）和对话模型（民主模型）。通过对已有科学传播模型的研究，可以进一步了解传播要素的特征，以及传播过程中传播要素间的关系。

1. 中心广播模型

该模式是一种自上而下的命令、教导的传播模型。传播主体根据自身的需求发送信息，传播对象则被动地接收信息，是一种单向线性的信息传播过程，强调信息的获得。

该模型描述了在传统科学普及阶段，科学普及主体在科学普及活动中偏重知识和技术的教育，而关于科学方法与过程的教育较少，科学的社会运作教育基本没有，也不会讨论科学的局限性和科学家的过失。

2. 欠缺模型

该模式是一种自上而下的教育与公关的传播模型。传播主体根据自身的需求和传播对象的情况，向外界发送信息。该模型的信息传播过程虽然也是单向的，但是增加了信息的传播环节，信息传播的结构较中心广播模型复杂。

这种模型的提出，是由于传播对象被动地接收信息时，可能存在科学素养上的欠缺，因不了解科学而不支持科学普及活动。为解决这个问题，传播主体就加入了"公关"的维度，使得传播对象能够参与并支持科学普及活动。

3.对话模型

对话模式是一种双向的传播模型,发生在新媒体时代。传播对象在科学普及活动中参与信息的发送,能够与科学普及主体进行协商。此模型的特点是,传播主体和传播多元化;强调传播对象的态度和权力。

刘华杰教授指出,以上模型的分类主要是一种不完全的逻辑分类,也可以称它们为社会学意义上的某种"理想类型"。当前,由于国内的现实情况较为复杂,科学传播的三种模型都可以使用,运用得当的话都能发挥出积极的作用。

三、"互联网+"传播特点

(一)"互联网+"信息传播参与者的边界消散和重心转移

以拉斯韦尔模式为代表的传统传播学理论中,传播主体和传播对象是两个重要且泾渭分明的要素。传播内容从传播主体发出,经过传播过程,最终到达传播对象,表现为点对点的单向线性传播形态。奥斯古德-施拉姆的循环模式打破传播主体和传播对象二者界限,强调传播主体和传播对象之间的相互转化。在传播过程中,每个传播主体和传播对象都依次扮演编码者、释码者和译码者。

在"互联网+"中的信息传播,其基本特征之一就是循环,传播主体与传播对象间的边界逐渐消失。"互联网+"科学普及活动中,科学技术等信息不再仅仅依靠政府部门、科研部门或者专业的传媒组织及其从业人员提供,任何一个参与者都是一个潜在的科普作家或科普编辑,都可以用文字、图片、音频和视频等方式创作、编辑、转载科学技术等信息,根据自己的理解加以阐释,甚至可以赋以传播内容新的内涵与外延。

除此之外,在"互联网+"信息传播过程中,传播对象不再被动地从传播主体提供的传播内容中获取信息,而是主动搜索信息,甚至创造信息和分享信息。互联网作为科学传播媒介,极大增强了传播对象之间的反馈和交流,促使传播模式逐渐从传播主体中心向传播对象中心转变。

(二)"互联网+"信息的人际间大众传播

"互联网+"科学普及就是互联网与科学普及的结合。由于互联网发展阶段的不同,科学普及活动中的信息传播也随着互联网的发展阶段而产生变化。方兴东等人(2014)从社会传播的角度,将中国互联网的发展归结为三个阶段。因此,各阶段的信息传播也有所不同。目前,互联网发展已步入第三阶段。

第一阶段为商业化或者门户阶段,信息传播模式还没有发生根本性的变化,互联网的媒体属性非常突出。第二阶段为社会化时代,信息的产生发生了变化,信息的传播开始从机构转移到个人,互联网的社交特性成为重点,但此时个人媒体能量还很有限。第三阶段为即时化时代,该阶段先是由微博改变了信息的传播,使个人媒体具备了大众媒体的传播能力。之后,微信的出现使得人际传播具备了大众传播的能力。

综上,由于互联网的变革,我国科学普及中信息传播的模式也发生了较大的改变,尤其是其深度和广度具有较大的变化。

(三)"互联网+"信息的网络化沉浸式传播

在对传播模式的研究上,很早就有学者认识到,互联网将推动社会进入"后大众传播时代"。因此,一批学者尝试构建新的模式,以更好地把握互联网中信息传播的现实情况。其中,何威(2010)提出网众传播,认为今天的传播是由网络化用户集合而成的网众所发动并参与的网众传播,用户是网络中的一个节点,可以是人,也可以是物。李沁(2015)提出沉浸传播,并将其理解为以人为中心、以连接了所有媒介形态的人类大环境为媒介而实现的无时不在、无处不在、无所不能的传播。每个媒介终端都是整个泛在网络的一个节点,人类可以在这个无边的网络中穿越时空,在虚拟与现实两个世界自在漫游。

在科学传播领域,莱文施泰因提出了网络模式,认为科学传播变成了众多互相联系、互相作用的多线路传播形式。莱文施泰因的主要观点是这种模式的复杂性导致了信息的不稳定性。他认为,新的传播手段使传播速度更快,数量更多,情绪化的内容增加,科学共同体和科学研究者面对众多不确定的信息,而且信息的接收和传播也在获得了速度的同时牺牲了信息的稳定性。

(四)"互联网+"信息的针对性传播

有针对性地满足受众差异化需求,是新媒体传播的新特点,一定程度上可实现传播内容和接收方式的私人化定制。特别是在"互联网+"信息传播过程中,依托大数据、云计算和物联网等技术,传播主体可以根据传播对象的实际需求和行为特点,推送具有强针对性的信息。

(五)"互联网+"信息的交互性传播

新媒体具有多向话语模式,信息传播主体和传播对象可以实时进行信息的交互共享。传统科学普及的信息传播难以脱离实体介质而存在,信息交互性和共享性差。而在"互联网+"科学普及中,科学普及的信息以虚拟数字的方式存在于互联网中,传播主体依托网络技术,可以将信息随时发送至传播对象,传播对象也可以及时将反馈信息通过网络发送给传播主体。同时,传播对象之间以及传播主体之间都可以进行信息的分享。

(六)"互联网+"信息的瞬时性传播

互联网即时传播的特点使得科学普及内容可瞬时全球化转播。科学普及内容在发送与选择中,一旦成为热点,可以瞬时获得数以万计的转发,甚至内容被不断完善、更新和衍化,信息的原始生产者和科学传播者难以控制这种裂变式的无尽传播。通过互联网,科学传播中人与人之间的有效交流也可以瞬间被获得。

四、模式的理论构建

(一)"互联网+"科学普及模式的思路

关峻和张晓文在对"互联网+"科学普及模式的研究中,提出了一个"互联网+"科学普及的概念模型(见数字资源包图5.1)。

该模型要素涵盖了中国科协、地方科协、企业科协、高校科协、学会层面等不同层级的科学普及部门。在"互联网+"科学普及概念模型下,各层级都要以用户思维为指导思想。中国科协需从跨界和迭代思维上开展科学普及工作,要制订完备的"互联网+"科学普及规划,利用资源优势促进科学普及工作与其他工作的融合。地方、企业和高校科协要从社交化思维、简约思维和极致思维入手,扩大科技信息的传播广度,加强用户体验度等。相关的学会要从平台思维、大数据思维和流量思维出发,打造科技资源主体共赢互利的生态圈,构建大数据平台。

(二)"互联网+"科学普及模式的方式

技术是变革信息传播的重要因素。随着云计算、物联网、大数据、人工智能、5G、VR、AR等进入大众视野,对新技术的介绍、分析、应用和前瞻在传播学界引起了广泛的探讨。喻国明等(2017)认为,智能化将成为未来传播模式的主要方式。

传播模式的革新影响着科学普及模式的迭代。有学者将云科学普及称为互联网科学普及模式的新方式。云科学普及即应用最新的现代科技手段——云技术来从事科学技术普及工作,具有"五全一新"的特点,即全天候、全领域、全方位、全媒体、全终端和新技术。云科学普及整合了常用的科学普及产品生产设计与传播路径,从而提供了强大科学普及创作和设计平台,配套快捷、丰富的资源整合与共享机制,注重传播技术、科学普及主题与沟通细节,这契合了科学传播向以公众需求为中心进行发展的人文转向。云科学普及打开了科学传播的深度和广度,推进了各类数字化科技场馆、移动互联网与物联网的对接性应用,带来了丰富的科学普及资源和传播效力。云科学普及的实施对创新科普手段、提高科学普及能力及有效提高公民的科学素质,具有划时代的意义。

近来颇具特色的"云游敦煌"微信程序将敦煌壁画成功送上了"云端",游客动动指尖,就能感受1600多年的敦煌文化之美。看似是一个聚集了几千张壁画的"线上展览",实际上"云游敦煌"已经堪称是一个无边界的云上博物馆,是多元创意传播的集合地与切入口,也使线上"敦煌"与线下实地的莫高窟成为了并行空间。

(三)民族地区"互联网+"科学普及的模式框架

在分析传播学中传统传播模式的基础上,结合科学传播的阶段性传播模型,以及诸多专家学者对于"互联网+"科学普及的研究,民族地区基于"互联网+"的科学普及模式见数字资源包图5.2所示。

本模式的设计依据来源于传播理论和"互联网+"技术,主要包括赖利夫妇的传播系统理论、传播角色转换、传播双向循环、传播噪音、对话模型和网络模式等理论。模式由自然环境、社会环境和科学普及活动三大要素群构成。其中,自然环境要素群包含气候、地貌、水文、土壤和动植物等要素,社会环境要素群包含政治、经济、社会、文化等要素。这些要素相互作用和相互影响,最终形成具有民族地区特色的"互联网+"科学普及模式。

本模式有以下特点:第一,自然环境系统的运作为社会环境系统提供必要的信息资源。科学普及系统是社会环境系统的一个子系统,因此,科学普及系统运作的信息资源同样由自然环境系统提供。第二,除信息资源外,自然环境系统和社会环境系统中的因素又分别共同影响着科学普及系统的运作。第三,科学普及系统中有一个正向的、确定的、显性的传播途径,即由科学普及主体出发,通过科学普及内容、科学普及媒介、科学普及对象和科学普及效果等环节,再次回到科学普及主体。第四,科学普及系统中的科学普及效果,受到多重不确定性因素的影响,主要是由于科学普及对象对科学普及媒介、科学普及内容和科学普及主体的反作用。这种作用非必要发生,非同时发生。它是一种反向的、非确定的、隐性的传播选择。第五,科学普及系统的活动最终反馈回社会环境和自然环境。第六,"互联网+"可归属为社会环境要素群中的技术要素,该技术的应用改变了科学普及系统的要素构成及相互作用方式,成为科学普及模式创新驱动发展的新引擎。

第六章 基于「互联网+」的民族地区科学普及资源库建设

第一节 | 民族地区科学普及资源库建设的目标与内容

科学普及资源有广义和狭义两种界定,广义的科学普及资源包括科学普及事业发展中所涉及的所有资源,如政策资源、人力资源、财力资源、物力资源、内容资源及其要素等;狭义的科学普及资源主要是指科学普及的内容资源及其载体,如图书、期刊、挂图、音像制品、数字化资源等(任福君、尹霖等,2015)。本书对科学普及资源侧重于从狭义角度去理解,主要指传递和承载科学普及内容的科学普及产品。

科学普及资源是开展科学普及工作的条件与保障,其数量与质量影响着科学普及各项工作的效果与功能,它体现了一个国家或地区科学普及能力。因此,科学普及实践中,世界各国通过对科学普及资源的建设与共享来提升各国的科学普及能力。我国于2006年国务院发布的《全民科学素质行动计划纲要(2006-2010-2020年)》(以下简称《科学素质纲要》)提出的四大基础工程,其中之一就是科学普及资源的开发与共享工程。而民族地区科学普及资源库建设必须结合民族地区自身的特点与特色,考虑科学普及资源库建设存在的优势与不足,才能使科学普及资源库更好地发挥对民族地区科学普及的作用,提升民族地区的科学普及能力。

一、民族地区科学普及政策及其对民族地区科学普及资源库建设的要求

科学普及政策是国家科技政策的一个重要组成部分,指的是各级立法机关和政府颁布的与科学技术普及相关的法律、法规、规章、条例和政策性文件(佟贺丰,2008)。它包含了国家科学普及法、部门科学普及法、地方科学普及条例和地方科学普及规章等构成的科学普及政策体系(任福君、任伟宏等,2013)。而民族地区科学普及政策则是国家各级部门针对少数民族或民族地区制定的与科学普及相关的政策,包括法规、条例和政策性文件等,调节和规范民族地区的科学普及工作,推动民族地区科学普及事业顺利发展,提高民族地区群众的科学素质(王冬敏,2011)。

民族地区科学普及政策为民族地区科学普及的有效开展提供政策上的保障,同时又为民族地区科学普及实践中包括科学普及资源库建设的各项工作的开展提出了必须遵循的原则要求及应达成的目标。

(一)民族科学普及政策概览

1.国家层面

中央及国务院各部门制定的科学普及政策中,有些是针对国家范围的科学普及政策,如《中华人民共和国宪法》(1982年)总纲第20条中规定了"国家发展自然科学和社会科学事业,普及科学和技术知识,奖励科学研究成果和技术发明创造",这些科学普及政策也适用于民族科学普及工作。另外还有一些专门针对少数民族地区的科学普及政策,这些科学普及政策对民族地区的科学普及更具有实际的指导意义。《中华人民共和国科技进步法》(1993年颁布、2021年修订)第6条规定:"国家加强跨地区、跨行业和跨领域的科学技术合作,扶持革命老区、民族地区、边远地区、欠发达地区的科学技术进步。"《中华人民共和国科学技术普及法》(2002年)总则第四条规定"国家扶持少数民族地区、边远贫困地区的科普工作"的原则。《关于加强少数民族地区科普工作的意见》(1986年)提出了加强民族地区科技人员和科学普及队伍建设、积极开展科技扶贫与科技致富工作等七点意见,有力地促进了民族地区科学技术普及工作的开展。《少数民族事业"十一五"规划》(2007年)是促进少数民族和民族地区加快发展的重大举措,规划中把努力提高少数民族教育科技水平作为主要任务之一,提出了大力普及科学知识,推广先进适用技术,帮助民族自治地方提高自主创新能力,扶持少数民族语言文字科普宣传品的翻译出版,鼓励开设少数民族语言广播电视科普栏目,建设乡村科普画廊、科普橱窗等科普设施,创新少数民族科普工作机制等具体科学普及策略。《关于进一步加强少数民族和民族地区科技工作的若干意见》(2008年)提出了普及科学知识,倡导科学方法,传播科学思想,弘扬科学精神,全面提高少数民族和民族地区群众的科学文化素质;整合科普资源,加强科普宣传;创新、拓宽面向少数民族群众科普宣传工作的手段和渠道等重点任务。

2.地方层面

各级地方政府也结合本地区的特色与实际情况,制定了相应的促进科学普及事业发展的地方性科学普及条例和政策。例如,四川省颁布了《四川省民委、省科协关于加强少数民族地区科普工作的意见》,指出要利用少数民族的传统节日开展科学普及宣传月活动,每年举行一次并作为制度定下来;要运用多种手段,尤其要运用现代声像手段,编印藏彝文科学普及资料、图片、幻灯等,传播科学知识,普及实用技术。云南省颁布了《云南省科学技术普及条例》,提出增加对少数民族地区和边远贫困地区科普资金扶持;县级以上人民政府科学技术行政部门、科学技术协会及其他有关单位应当结合实际,组织开展"科普周""科普街"科技下乡等活动,举办科普展览、科普讲座,进行科技咨询、科技培训,结合少数民族传统节日开展科普活动等科学普及任务。

(二)基于民族科学普及政策的科学普及资源库建设

1.各级政府加大对民族地区科学普及资源建设的投资

民族地区往往处在经济较为落后的地区,缺乏科学普及资源开发与建设所必需的资金、设备等,致使民族地区科学普及资源严重匮乏。据2016年的全国科学普及统计,2016年东部各省(直辖市、自治区)平均科学普及经费为82699万元,科技馆平均有22个,而西部地区各省平均经费仅为31306万元,科技馆平均仅有9个。因此,民族地区要切实有效地进行科学普及资源开发与建设,必须加大对民族地区科学普及资源建设的资金投入,我国颁布的《科普法》《中华人民共和国科技进步法》等很多国家和地方层面的法律法规也都强调要加强对民族地区科学普及的经费投入、扶持力度。

2.加强科学普及产品开发

科学普及产品是科学普及资源库的核心构成部分,科学普及产品的数量和质量是有效开展科学普及的基本保证,因此,科学普及产品开发是科学普及资源库建设工作的重要方面。而我国民族地区开发、创作的科学普及产品也是严重不足。据2016年的全国科学普及统计,仅2016年全国科学普及图书出版种数、册数分别为11937种、1.35亿册,西部地区科学普及图书出版种数、册数仅为1643种/0.24亿册;2016年全国电视台播出科学普及节目总时间为135392小时,而西部地区播出总时间仅为22601小时。而开发科学普及产品,不仅要使科学普及产品在量上要满足民族地区科学普及需求,同时又要结合民族地区特点、贴近民族地区公众生活加强科学普及产品开发的创新,提高所开发的科学普及产品的质量,我国许多国家层面和地方层面的科学普及政策也都对此做了明确强调。

3.建立科学普及资源共建共享机制

民族地区一方面存在科学普及资源严重匮乏、开发不力的问题,另一方面又存在科学普及资源分散、科学普及资源重复建设、科学普及资源利用率低下等现象(任福君,尹霖,2015)。我国颁布的《中华人民共和国科技进步法》《关于进一步加强少数民族和民族地区科技工作的若干意见》等一些关于民族科学普及的政策法规也都强调,要加强地区间、部门间的合作,整合民族地区科学普及资源,提高民族地区科学普及资源的利用率。民族地区由于地域广阔,而且交通不便,科研机构、高等院校、科技馆、博物馆、高科技企业等拥有的科学普及资源不能被很好地挖掘、共享,另外也由于各部门缺乏联动机制,科学普及产品、资源重复建设现象严重(何丹,2013)。因此,必须建立民族地区各个科学普及机构、部门之间的联动机制,成立共建共享办公室,分工负责,实现科学普及资源的共建共享。

二、民族地区特色及其对民族地区科学普及资源库建设的要求

(一)我国民族地区特色

我国少数民族地区总的来说是地广人稀,少数民族人口不到我国总人口的10%,但分布地域广阔,民族自治地区占全国总面积的60%多,因此民族地区人口居住相对比较分散。而民族地区又有其独特的地形地貌特征,往往处在高山峡谷、湍急河流包围之中,或位于戈壁沙漠之地,这些都造成了民族地区交通非常不便,人口聚集困难。另外,也由于民族地区独特的地形地貌特征及其历史发展原因,使民族地区拥有丰富的动物、植物、矿产等自然资源,并形成了丰富的蕴含民族智慧的交通、建筑、桥梁等民族传统科技及节日、祭祀等民族传统文化。当然民族地区也存在经济、科教普遍落后的现状,如科教方面,全国历次相关调查均显示,不仅科学普及资源开发、建设落后于全国水平,民族地区公众具备基本的科学素养的比例也和全国水平存在一定的差距。

(二)立足于民族地区特色的民族地区科学普及资源建设

我国民族地区的特色给民族地区科学普及资源库建设带来了困难与挑战,同时也存在丰富的可利用、开发的自然人文资源,很好地应对、利用这些特色,可以有效地开发、建设适应民族地区科学普及工作的科学普及资源库。

1.科学普及资源内容要反映民族地区特色

科学普及资源内容是科学普及资源的基础组成部分,其数量和质量在很大程度上影响着各项科学普及工作的效果和功能(任福君、谢小军,2011)。民族地区富足的自然人文资源都是民族地区科学普及资源库建设的素材,如民族地区的服饰蕴含的纺织、染色、刺绣等技术,饮茶习俗中蕴含的茶的种植和加工技术、保健科技等,这些资源都是民族地区常见的事物,是人们生产、生活实践中的事物,这些资源可以很好地增强科学普及资源内容对民族地区科学普及的适切性,提升科学普及资源内容的功用,容易引起人们对科学普及活动的兴趣,调动他们参与科学普及活动的积极性。

2.科学普及资源的类型要适应民族地区特色

科学普及资源从不同的角度分为不同类型,如根据其内容表达和承载的载体来看,有实物类科学普及资源(如各种科学普及场馆的展品、模型、标本等)、印刷类科学普及资源(如图书、报刊、挂图等)、电子声像类科学普及资源(如利用电影、电视、网络等传送的各种作品)等。而根据科学普及资源应用的范围,可分为场馆类科学普及资源、传媒类科学普及资源和活动类科学普及资源等(任福君,尹霖等,2015)。不同的科学普及资源有其自身的优势和不足,有的适宜于集中科学普及,有的适宜于分散科学普及;有的科学普及资源必须在固定的场所开展科学普及活动,而有些科学普及资源具有更强的灵活性;有些科学普及资源适合于这类人群,而有些科学普及资源适合于另一类人群。民族地区科学普及资源库的建设必须考虑各类科学普及资源的特征,考虑其适用性,如人口居住较为分散、不易集中的地区,应倾向于分散的、灵活性的科学普及资源的开发。

三、民族地区受众需求及对相关科学普及资源库建设的建议

(一)民族地区受众需求分析

公众对科学普及内容的需求,由低到高包括以下几个层面:第一层是为了满足基本的生存;第二层是为了满足一般的物质生活;第三层是在物质生活基础上满足更高的精神生活;第四层是作为现代公民参与公共事务、参政议政在内的社会生活(刘立、蒋劲松等,2005)。而民族地区由于其自然、人文特征,生产、生活需要,人们在这几个层面对科学普及的需求既有作为当代一般公民的共性需求,又有作为民族地区公民的特殊需求。首先,在生存层面,主要包括对生存所必需的基本知识和技能的需求,具体包括日常生活的衣、食、住、行等各方面的基本知识与基本技能,如日常生活中常见的各种标识和标志的理解能力,利用电信通信、交通设施等最基本公共设施的能力等。民族地区独特自然环境及生存条件,使民族地区公众在基本生存方面有其自身的特色,如应对地震等自然灾害的知识与技能,地区特色的种植、养殖的知识与技能等。其次,在公众个人健康生活层面,要具备基本的保健知识、身心健康的基本知识、环境保护知识及其他与个人生活相关的知识与技能(杨文志,2017)。民族地区在个人生活方面存在很多突出问题,据课题组人员调查,一些民族地区村民酗酒现象严重,喝完酒后又会殴打妻子、孩子,带来了一些家庭与社会问题。如云南省G县某年在校生中单亲家庭子女和孤儿共有739人,占在校生总数的14.5%,另在某学校调查发现,该校500多名学生中,单亲家庭子女和孤儿就有100多人,单亲家庭子女和孤儿占该校学生总数的20%左右。再次,在公众精神文化生活层面,公众了解一个国家或民族的历史、风俗习惯、思维方式、价值观念等,有利于形成良好的身份认同、国家认同、民族认同,培养理性健全的精神素质,辨别科学与伪科学、科学与迷信,进而破除迷信。民族地区各族人民在长期的生产、生存过程中,形成了丰富的民族传统科技与传统文化,同时也存在非科学、伪科学的成分,这些都需要使民族地区公众掌握相关的知识与技能。最后,在公众参与社会生活的层面,社会中的每个公民都享有一定权利,同时又要履行一定责任与义务,这就要求社会中的每个公民都要具备相应的知识与技能。而民族地区公众的权利与义务有其自身的特色,这些也都需要民族地区公众去了解与掌握,只有这样才能很好地参与民族地区的社会公共生活。民族地区公众对科学普及的需求,除

了要考虑对科学普及内容的需求外,还要考虑对科学普及资源的获取需求,即所开发的科学普及资源要便于公众获取。

(二)基于民族地区公众需求的科学普及资源库建设

科学普及最终目的就是要提升公众的科学素养,服务于个人的生存、发展及社会参与等方面的需求,科学普及资源作为科学普及所要传递的信息、内容的载体,是公众科学素养提升的基础与保障,必须要能够反映公众的实际需求。基于此,民族地区科学普及资源库建设需从公众需求出发,采用"需求推动型"科学普及资源建设模式。首先,在科学普及资源的内容方面,要切实提供民族地区公众所需要的科技信息。如要满足公众了解当代社会发展的最新状况的需求,可利用电视、网络、报刊等渠道,将相关信息传递给民族地区的公众;再如反映民族地区公众特色需求,如种植、养殖、地震紧急应对等一些知识与技能,可建立与印发图书、报刊、影像等一些文本资源库,或通过现场、实地培训体验等进行相关知识与技能的普及。其次,在科学普及资源的获取方面,也要满足民族地区公众的需求。科学普及资源获取的渠道要多元化、多样化;获取的渠道要通畅,获取的时间不能过长;另外公众获取的科学普及资源的费用不能太昂贵,要考虑公众对科学普及资源使用费的可接受程度。

四、互联网传播媒介特点对民族地区科学普及资源库建设的影响

(一)互联网传播媒介特点

近年来,互联网越来越成为人们获取信息的重要渠道,我国历次公众科学素养调查显示,2003年我国公众几乎不接触互联网的高达91.6%,而到2015年公众利用互联网获取科技信息的比例达到53.4%,互联网之所以越来越被人们所接受,是由于其作为一种传播媒介,具有一些重要的利于信息传播的特征。

1.信息传播的高效率

互联网突破了时间和空间的限制,特别是移动手机、移动电视等移动互联网的推广使用,实现了高效率的实时传播、实时获取,使公众获取信息的途径更为便捷,使相关信息更为有效、快速、精准地抵达目标群体。

2.信息获取的碎片化

时间是互联网时代的终极战场,移动互联网加剧人们获取信息的碎片化,即获取和上传信息地点的碎片化,获取和上传信息时间的碎片化,获取和上传信息内容的碎片化(杨文志,2017)。

3.信息传播的深度交互性

互联网使信息在传播过程中加强了交互作用,公众在参与信息传播的体验中增强了对视觉、听觉、触觉等各种感官的调动,加深了情境化、沉浸式的体验感,使信息的传播更具表现力,从而加深了人与人、人与信息之间的互动交流,对信息的接受者产生的影响更为深刻和持久(胡俊平、钟琦,2017)。

4.信息传播的技术依赖性

互联网信息的传播需要一定的信息传播平台和技术的支撑,如虚拟现实技术、增强现实技术、混合现实技术等技术的使用,为信息的传播提供了广阔的空间,以大数据和云计算技术为代表的信息采集和处理技术进一步推动了信息传播向智能化方向发展。

(二)基于互联网传媒的科学普及资源库建设

1.加强互联网科学普及服务平台建设

互联网传播信息对技术的依赖性要求科学普及信息要有效通过互联网进行传播,必须加强互联网科学普及服务平台建设。互联网科学普及服务平台类似于科学普及超市,科学普及资源存放在科学普及超市中,公众可以通过互联网在平台自主选择、获取所需要的科学普及信息。例如,2013年河北省秦皇岛市利用云计算技术搭建"云科普公共服务平台",江苏省从2013年起也上线了云科普服务系统,以求迅速、准确地针对突发事件进行"应急科普"。科学普及作品互联网传播的途径常见的有"移动端科普融合创作"项目组提供的传播渠道、自有品牌的微信或微博公众号、自有品牌的自媒体号、自有网站及一些知名视频平台(如优酷、土豆、爱奇艺等)(胡俊平、钟琦,2017)。互联网科学普及服务平台建设由平台支撑技术、科学普及资源存储技术、科学普及资源供给技术及终端科学普及信息提取技术等共同构筑而成。

2.科学普及资源内容的多元化表达

随着互联网技术的发展,公众对科学普及内容信息表达方式的需求逐渐呈现视频化、移动化、社交化、游戏化等多元化态势,因此对科学普及资源内容的表达不仅要关注互联网科学普及文章类的科学普及资源的创作,也要加大网络科学普及视频、网络科学普及游戏等互联网科学普及资源的开发。科学普及资源内容的多元化表达,既可满足公众的多样化需求,也可以增强公众与科学普及信息之间的深度互动。

3.科学普及资源库的建设要注重碎片化科学普及资源的开发

在当今社会,人们的生活节奏不断加快,使公众的阅读时间逐渐呈现碎片化状态,人们获取信息也就呈现出碎片化状态,而移动手机、移动电视等移动互联网更是加剧了公众获取信息的碎片化。碎片化科学普及资源的开发就是要充分利用公众的碎片时间,开发几分钟甚至是1分钟以内的科学普及资源,通过碎片化科学普及资源开发、建设,吸引公众主动选择科学普及、爱上科学普及,成为科学普及服务的粉丝(杨文志,2017)。

第二节 | 民族地区科学普及资源库建设的定位与功能

科学普及资源库的建设有利于促进科学技术普及事业实现更高的效率与价值,提高其社会效益,而民族地区科学普及资源库的建设尤其重要。在"互联网+"的时代背景下,充分发挥网络技术优势,构建富有民族地区特色的科学普及资源库对于科学普及事业具有十分重要的意义。

如何更好地实现民族地区科学普及资源库的功能,取决于对资源库特色建设的准确定位,而民族地区科学普及资源库的特色,主要体现在两点,一是科学普及资源对资源库在民族地区的本地化,二是简单友好的界面及用户使用体验。

一、民族地区本地化资源特色对科学普及资源库建设选题的影响

民族地区科学普及资源库的建设需考虑一般化资源与本地化资源的结合。具体而言应考虑当地的学习需要、文化、地理、技术、基础设施和重要社会议题。利用本地化优质资源促进资源库的建设是民族地区科学普及事业发展的一个必然趋势。本地化资源有助于科学普及资源多样化、丰富化、生活化,更易被民族地区科学普及对象接受,从而使民族地区的科学技术普及社会效果最大化。

少数民族地区自然地理环境特殊,生活方式独特,在少数民族人民群众的智慧下形成了民族地区非物质文化种类丰富,内容多样,闪烁着民族智慧。可以说,民族地区的非物质文化是充满传统科技与文化的宝库。与其将现代科学技术知识生搬硬套地应用于民族地区的科学技术普及资源库中,莫不如将民族地区现有的、能体现民族地区特色的活的科学技术案例作为典型资源发扬光大。例如,李约瑟博士在中国实地考察传统科技时,目睹民族地区极不起眼的卧式水轮等机械,认为"水排+风箱=蒸汽机",提出了水排加风箱式的"水力鼓风机"是往复式蒸汽机的直系祖先的论断。

事实上,在民族地区有很多事物具有科学技术普及的潜在价值,如原始历法系统。在我国西南民族地区,傈僳族、哈尼族等民族使用一种原始历法系统——物候历,即以某种花开,某种鸟鸣来定分季节,指导农业生产。物候历便是少数民族地区的人们掌握了本地自然界的变化规律,再利用这种知识服务于生产生活。类似原始历法的还有家事历、人体历、星月历等。

除原始历法系统外,民族地区医药技术、特色纺织与印染、作物种植、食物加工、民居建筑、道路桥梁、器物用具等,无不折射出我国民族地区人民因地制宜,充分利用天地自然运行规律的大智慧。本地的优秀科学技术案例,是民族地区科学普及资源库重要的来源,对于扩充和丰富科学普及资源具有重大意义。

另外,还可考虑将现有的科学普及资源本地化,实现现有科学普及资源在民族地区的充分利用。本地化,又称为本土化,是指将某一事物转换成符合本地特定要求的过程。本地化是显示各种异质多样性和特定情境要素的过程,资源本地化的最佳效果是既能适应本地要求,又尽可能地保持资源原有的特定情境含义。民族地区科学普及资源的本地化是运用现代教育技术、信息技术、计算机技术为民族地

区科学普及用户提供优质科学普及资源的过程,其目标是为科学普及用户的个性化自主学习建构良好的学习环境,其形式表现为对资源的接收、整理、二次加工、多媒体化、指导用户使用等一系列工作环节。简而言之,民族地区科学普及资源的本地化就是采用合适的方式和途径,把合适的科学普及资源传递给民族地区的科学普及用户。民族地区科学普及资源本地化工作范畴主要包括资料翻译、界面重置、语义转换、开发本地功能、支持本地技术要求、本地测试等6个方面。

民族地区科学普及资源的本地化工作是一个实践探索、不断完善的复杂过程。以下一些策略原则对于实现民族地区科学普及资源的本地化改制有着重要的实际意义。

第一,民族地区科学普及资源的本地化工作应符合本地教育要求。民族地区科学普及资源的选择首先出自于实际情境的需要。因此,本地化应该首先考虑民族地区科学普及情境的特殊性,分别处理。对于那些已经符合本地需要的科学普及信息资源,可以酌情予以直接利用;对于那些尚不能适应本地情境需要的资源应加以本地改造;对于那些基本处于空白状态的信息资源,可以根据本地需要着手重新创建。

第二,民族地区科学普及资源的本地化工作要保持科学普及资源的原有含义。民族地区科学普及资源的本地化需要既能适应本地情境需求,又能尽量保持原有情境含义。民族地区科学普及资源的本地化是一种引进与改造的过程,目的在于利用其他资源的长处填补现有资源的短处。因此,资源本地化应该保持所引入资源的优势与含义,让其反映原教学情境的特点。如果把资源的原有特性抹杀掉的话,那将变成是资源的国际化,而非资源的本土化了。

第三,民族地区科学普及资源的本地化工作应遵从相关资源技术标准。目前已有许多标准组织从事教育资源的标准化工作,在进行教育资源本地化时应该切实参照这些标准的规定或相关说明,主要包括三个方面:一是遵从资源标准。通过本地化工作所得到的教育信息资源应该遵从相关技术标准的规定,不得有悖于原标准所做出的强制限定和规则。二是遵从统一术语表。统一的专业术语可规范学科领域中关键词的称谓、转换和应用。因此,在资源本地化应用中,应遵从业已规范的统一术语加以定义。三是提供资源本地接口。考虑到开放兼容特性等需要,本地化后的资源应尽可能提供与原资源相兼容互通的接口或说明。

二、简约友好的用户体验对科学普及资源库建设功能设定的要求

民族地区科学技术普及资源库的构建,除在内容上充分体现民族地区本地化资源之外,人性化的界面设计也是实现资源库预期目标的重要因素。作为用户与资源库交互的窗口,简约实用的界面对实现资源库科学普及价值设计,提升用户体验具有重要意义。从界面设计视角来看,"互联网+"背景下民族地区科学普及资源库的设计应体现两方面的要求,一是界面的视觉设计,二是界面的交互功能设计。

(一)民族地区科学普及资源库的视觉设计

视觉图像是触发情感的引线,资源库看起来越吸引人,就越具有亲和力,用户就越愿意花更多的时间使用。资源库界面的视觉设计,包括配色、图文、布局等方面,总体的要求是简约且美观。

色彩是影响设计外观的重要因素之一,它往往会给人留下第一印象,色彩运用的好与坏,在一定程度上影响着资源库的质量。民族地区科学技术普及资源库建设的主要目的是给用户提供丰富的科学普及资源,在色彩运用上既要符合科学普及资源库与民族地区的主题,又不能过于花哨而忽略了资源库本身的价值。

图片与文字是资源库界面重要的视觉元素,选择与细节处理十分重要。界面中的各种小细节会增加用户的负担,会像公路上的减速带或坑坑洼洼一样降低用户的效率。因此,需要删除会引起视觉混乱的元素,即意味着用户必须处理的信息变少了,能够把注意力集中到真正重要的内容上。首先,需要去掉分散注意力的元素,如分隔内容的线和横在页面上的背景条等,以减少视觉上的干扰。去掉分散注意力的视觉元素,可以让用户感觉速度更快,而且更加有安全感。其次,去掉可有可无的选项、内容和分散人们注意力的设计,减轻用户的负担。再次,删除没人会看的文字,简化庞杂的描述性文字,使其变得简洁、清晰、有说服力。最后,多余的按钮和链接会导致用户迷乱、倦怠或焦急,应当对其进行精简。

好的界面布局能够激发用户使用资源库的兴趣。在组织界面时,有各种各样

的问题需要考虑:角度、颜色、尺寸、位置、形状、层次等等。好的界面设计能够使用户在短时间内浏览资源库,并且在交互过程中保持愉悦的心情。资源库类的网站,内容多且杂,所以在建库之前要首先确定其架构,明确资源库中所要包含的内容,并分清资源库的主次结构。

资源库界面的所有元素,要形成传达民族地区科学技术普及的风格特点。视觉风格的目的就是要唤起终端使用者的美感,这种美感应该与民族地区科学普及资源库想要传达的概念与价值相符合。影响资源库界面视觉风格的因素是多方面的,有前面提到的色彩搭配、图文细节处理,同时也与布局有关。除此之外,还要考虑视觉元素动与静的配合、字形字号的选择等。设计一个所谓具有美感的界面是没有放诸四海皆通行的准则的。什么应该动起来,什么适合静态表现,用什么样的字体和大小,怎样配色,这些都值得仔细推敲,反复修改。总之,呈现在资源库界面上的所有视觉元素,都应避免凌乱,应具有设计上的一致性,有亲和力、有趣,能令人兴奋,有权威感,体现创新,在总体上呈现出一种简约、清晰、完整、格调化的美感,能让用户留下深刻印象。

(二)民族地区科学普及资源库的交互设计

交互设计又称互动设计,是定义和设计人造系统的行为的设计领域。交互设计以人的需求为导向,理解用户的期望与需求,理解商业、技术以及业内的机会与制约。交互设计的水平与实现直接影响资源库功能的实现。交互设计最重要的是以人为本,用户体验是最重要的。一个高水准的交互设计方案,往往具备简约、实用和易用这三个特点。

在建筑学领域,有"Less is more"(少即是多)的原则,即提倡简单,反对过度装饰。这个原则历史悠久,在很多行业中衍生出了很多不同的解释。在互联网行业,也有"简约的设计风格""做减法""把不必要的内容收起来""7加减2原则"等等说法,都或多或少与这个原则有关。"Less is more"最初的意思是反对"过度装饰",这并不是一味追求所谓的"简单"。这里的Less,是设计者要努力降低用户的认知和操作成本,这才是"Less"交互设计中的本质体现。就民族地区科学技术普及资源库的交互设计而言,其交互设计的简约即抛开一切不必要的功能,资源库的交互紧紧围绕民族地区科学技术普及这个中心来建设。

如何体现资源库交互设计的实用性呢？用户界面设计往往是UI设计师们发挥的最佳领域,美观的产品带来的不仅仅是视觉的冲击感受更是产品的升级迭代。但要注意的是,交互设计的不能为了界面的丰富性而牺牲功能的实用性——将基本、常用交互操作淹没于次要交互元素中。

在实用的基础上,资源库的交互设计还应"易用",这是改善用户体验的关键所在。资源库的易用性,可以概括为"Don't make me think"(别让我去思考),用户能用最简洁的方式和最短的时间完成目标任务。换言之,资源库的使用应当容易上手,用户能快速掌控资源库,实现使用资源库的目的。

为了实现民族地区科学技术普及资源库交互操作满足简约、实用和易用的要求,其交互设计应遵循以下原则。

第一,用户中心原则。交互界面设计的宗旨是人性化的设计,为用户提供愉悦的学习环境是科学技术普及资源库设计的最终目标。交互界面设计既要符合用户的操作方式,也要迎合用户的浏览习惯。大部分用户的阅读习惯是从左上部开始,由上向下阅读。所以在设计中要把重要的信息放置在符合用户阅读习惯的地方,一方面可以使信息更加醒目,另一方面可以引导用户进行阅读。在任何情况下都应该是用户主导资源库,而不是资源库强迫用户。要针对用户的特点预测他们对不同界面的反应,让用户能够感觉系统运行在自己的控制之下。

第二,信息最小量原则。在使用操作界面时,应该让用户感觉到操作科学普及资源库比较轻松。设计要尽量减少用户的记忆负担,如资源库按区域分组等,这些架构和设计方案都应该采用有助于记忆的设计方案。同时,剔除非必要的信息和控件,使主题醒目,核心功能突出。

第三,界面一致性原则。一致性要求用户界面遵循标准和常规的方式,让用户处在一个熟悉的和可预见的环境之中,这主要体现在命名、编码、缩写、布局及菜单、按钮和键盘功能在内的控制使用等。民族地区科学技术普及资源库要对资源实施有序化、智能化组件、存储、管理和检索,在交互设计上要体现一致的视觉风格,一致的控件交互,一致的图标设计,这既能提升用户对资源库的认可,也能降低用户学习成本。

第四,界面容错性原则。一个好的界面应该以一种宽容的态度允许用户进行试验和出错,使用户在出现错误时能够方便地从错误中恢复。而科学普及资源库平台利用云计算、无线技术与智能终端的结合创建的"云端—终端",有许多新技术需要进一步融合,可能会出现不同的技术为同一用户提供服务,当各类技术出现冲突或错误时,资源库架构应具有容错技术,例如使用N版本程序设计、恢复块方法和防卫式程序设计等。

最后,界面可适应性原则。界面可适应性指用户界面应该根据用户的个性要求及其对界面的熟知程度而改变,即满足定制化和个性化的要求。所谓定制化,是在程序中声明用户的熟知程度,用户界面可以根据熟知程度改变资源库界面外观和交互行为。所谓个性化,是使用户按照自己的习惯和爱好设置用户界面元素。设计良好的界面看起来应该是和谐的,整体一致的结构设计,会让浏览者对科学普及资源库的形象形成深刻的记忆和良好的印象,迅速而又有效地进入自己真实需要的部分,以便快速在整个科学普及资源库中使用各种功能。

第三节 | 民族地区科学普及资源库建设的标准与框架

目前我国科学普及资源建设遵循"共享共建"原则。"共享共建"是未来科学普及资源建设事业中基础而关键的重点工作之一。我国对科学普及资源共享的相关研究才刚刚起步(莫扬、孙昊牧等,2008)。当前网络资源共享环境下,科学普及资源库借助新技术深度拓展其生存与发展的空间,科学普及资源库由传统的单向传播为主,渐渐形成了互动、用户积极参与、多元化的繁荣局面。民族科学普及资源库建设是数字资源信息服务与传统民族特色深度融合的特殊表现形式。进行民族地区科学资源库的建设不仅有利于在民族地区更好地开展科学普及工作,更有利于民族地区特色资源的保存和管理,传承民族特色文化,实现民族地区特色资源的共建共享。科学普及资源库的建设原则,前后台如何设计将是科学普及资源库建设的基础和根本保证(何俐、曾玲等,2012)。

一、民族地区科学普及资源库建设原则

(一)科学普及资源建设的总体设计思想

第一,要反映民族地区科学普及的特点。由于历史的原因,我国大部分少数民族聚居区多分布在内陆或祖国的边疆。这些民族区域自治和省份均分布在我国西南、西北地区。云南省是我国少数民族聚居省份,由于处在内陆地区,缺乏区位优势,与外界的物质、信息、科技、人才等交流十分困难,对经济和社会发展极为不利。利用互联网技术和资源优势来提升区位优势是这些地区经济和社会发展的唯一出路。因此,大力开展科学普及教育,提高人口的科技文化素质,开发人力资源,在这些地区显得非常重要(杨文志、冯渝生、颜利民,2001)。

第二,要考虑资源的标准化及其开放和共享。民族地区科学普及资源的标准化建设是实现资源共享与交换的前提和基础,在资源库建设时我们必须坚持标准化、规范化,严格依据元数据相应的标准,进行资源库建设。如:为了资源库便于维护资源的移植和推广,科学普及资源库采用通用的文件格式、界面风格和操作规范,使用流行成熟的开发平台和软件等。还应坚持资源库的资源开放与共享的原则。要求底层技术标准实现开放,采用模块化建设模式;同时调动多方的积极性,拓展资源的来源。这样一方面可以最大限度提高资源的利用率和价值,另一方面可以将更多的资源纳入资源库当中,丰富资源库的内容。

第三,要强化资源的传播性和服务性。由于科学普及资源库的最终目的是提高公民的科学素养,科学普及资源库建设内容上或功能上都要充分考虑公众需要。围绕民族地区用户需求,科学普及资源库充分了解其获取信息需求,提高他们应用科学普及资源的积极性,最大程度地在民族地区进行科学普及。为用户提供一个友好、清晰的导航和操作界面,使用户能够在短时间内从纷繁的信息中简便、迅速地查找到自己所需要的信息资源是资源库服务性的重要体现。同时资源库也要为用户提供搜索引擎,便于用户快速对自己所需信息进行定位。此外,资源库还应是一个实时交互系统,尽可能实现双向交流互动,构建科学普及共同体。从技术上还需考虑到用户不仅是一个信息的利用者,同时也是信息资源的生产者和提供者。换言之,用户可以从资源库中下载自己所需要的资源,同时也可以上传他们制作的各项资源,实现科学普及工作者和资源用户共同构建数据库的繁荣局面。

(二)科学普及资源建设的指导原则

第一,体现科学普及资源的教育性原则。提高科普用户的科学素养,普及科学知识、弘扬科学精神、传播科学思想、倡导科学方法是科学普及的重要使命。从某种意义上说科学普及摆脱不了教育使命,没有了教育,科学普及是无效的。因此教育性原则是其根本属性,其资源库建设遵循教育原理。首先,科学普及资源库的设计与开发要遵循网络时代教育教学的客观规律,其平台的搭建、结构的设计、功能的实现等都要考虑到教师教学和学生学习的特点和需要。其次,资源库内资源的选取一定要慎重,要以教育性为第一要务。某项资源能否入库,要以一定的评价标准为依据,这就要求有资源评价体系。再次,搜索资源优化,让用户能够便捷地找到所需资源。最后,根据建构主义学习理论,要能充分考虑用户的情境,尽可能提供信息交流的平台,方便传播者和用户之间互动。

第二,体现科学普及资源的科学性原则。科学普及资源库设计与开发的科学性原则主要包括两个方面:其一,资源库设计开发方式要科学;其二,库内资源的组织和筛选要科学。设计与开发方式的科学性直接影响到科学普及资源库的使用效果。资源库前台和后台的设计要协调统一,技术上要让用户方便使用。库内资源组织选取非常重要,需要专家参与保证资源的科学性,依据不同分类标准进行分类,参考学科分类标准分为农业科学、自然科学、医药科学、工程与技术科学、人文与社会科学五大类。对资源类型分为视频类、音频类、图像类、文本类等。分类后更方便用户查找和定位所需资源。

第三,体现科学普及资源的系统性原则。科学普及资源库的设计与开发是一项复杂工程,不仅需要关注总体的任务和各子任务,还需要兼顾各分解任务之间的逻辑关系。综合考虑软硬件配置、人力、物力、资源建设及未来发展因素。资源库内各种资源并非相互独立,而是相辅相成、密切联系的。在对资源进行收集、分类和组织时要特别注意整体规划。对科学普及知识阐述时,可结合视频、图像、文本等不同类型材料共同进行,使其成为一个整体的教学系统以方便传播者和用户使用。

第四,体现科学普及资源的技术性原则。网络技术日新月异,科学普及资源库设计与开发起着重要作用,开发中应注重以下技术原则。(1)先进性:科学普及资源库汲取国内外的成功经验,采用最新数据库和网络技术。利用互联网技术中较先进、较成熟、有前景的开发技术。(2)标准化:根据国际、国内和行业标准指导科学普及资源库标准化建设。(3)共享性:互联网最大的特点是开放性和共享性,因此资源库建设以网络环境为背景,采用模块化设计,最大程度地提高资源库的利用率。(4)安全性:由于互联网的开放和共享,管理员需对不同用户设置不同权限,多层加密数据库,安装先进的防火墙和杀毒软件。防止黑客攻击,保护资源库和用户信息安全。

第五,体现科学普及资源的服务性原则。科学普及资源库建设的最终目的就是要为民族地区科学普及用户服务,这是资源库建设的首要核心任务。以服务为中心,为广大用户提供方便、快捷的服务为指导方针,最大限度地提高科学普及资源库的使用效率。首先,库内资源的内容要充实,形式多样,满足不同用户的需要。其次,保证库内资源的质量,不仅要保证资源的科学性、教育性,还要保证资源具有较高的清晰度。再次,要为资源库建立一个高效科学的导航界面,以方便用户按需浏览库内资源。最后,要为用户提供一个强有力的搜索引擎,帮助用户快速、准确地找到其所需要的资源。

二、"积件原理"指导下的民族地区科学普及资源库设计

(一)积件原理和优势

当人们再次反思计算机辅助教学(CAI),积件这个新生儿就诞生了。积件思想是由教师根据教学需要,运用多媒体编著平台把教学信息资源进行组合,生成教学软件的思想。积件思想作为一种关于CAI发展的系统思路,是对多媒体教学信息资源和教学过程进行准备、检索、设计、组合、使用、管理、评价的理论与实践。它不仅仅是在技术上把教学资源素材库和多媒体著作平台进行简单的叠加,而且是从教师角度出发,把声音、图片、动画、文本及针对某一个难点、重点所做出的小型软件,根据自己的需要生成相应的课堂软件,更加突出了制作者的主观能动性。既然积件是把信息资源进行组合的一种思想,就要求有一个大的科学普及信息资源库的存在。该库可以分为以下两个层次。

一是基础资源库。所谓的基础资源库是最基本的资料存储方式,例如单张的图片、单个音频、单个视频等,它是资源库构成的最小单元。

二是网络积件资源库。网络积件资源库是把网络上的资源作为积件库的资源,把资源库网络化。因为积件库的建设必须考虑到当前互联网的发展趋势,一个地区、一个省份、全国的科学普及信息资源都可以由科学普及工作者和科学兴趣爱好者通过网络进行检索、重组、灵活地配合当前所需,运用于科学普及实践中。

(二)积件原理对科学普及资源库设计启示

随着时代的发展,在科学普及中引入积件原理进行计算机辅助科学普及并非幻想。一方面,由于CAI辅助教学的发展,有越来越多易学易用、界面友好的软件制作平台出现。这些软件无须编程,采用所见即所得的形式,例如HOTOOL3.5、TOOLSBOOK、AUTHERWARE、方正奥思等。它们的出现让科学普及工作者自己编著软件成为可能。另一方面,作为信息时代的科学普及工作者,应有较高的计算机素养,能够快速学习和使用相关CAI软件服务科学普及。采用积件原理的科学普及资源库将课程知识点层层细分,将细分的结果制成积件基元,并进行标准编码后存放在数据库中,操作者根据需求自由组合基元从而形成科学普及资源库。该理念指导下的科学普及资源库系统设计最大可能地体现了积件的可积性、开放性、灵活性等特点,打破了传统科学普及资源库的设计思路。

系统功能主要包括管理员对系统的设置和用户管理,科学普及工作者的积件库管理、互动话题管理、过程管理及考核管理,科学普及资源使用者根据课程选择、生成科学普及资源,参与互动、进度查看、参与考试及成绩查看和消息提醒等(桂红兵,张继美,2017)。

积件强调的是学习资源微型化、可积性,所以基于积件的科学普及资源应打破传统的以知识点为基本单位,以章节为逻辑结构的设计思路,转而改变为以基元为基本单位,以统一编码标准为其内在联系的、各基元既相对独立又可以自由重组的科学普及资源设计思路。采用积件思想设计的科学普及资源更好地满足了不同年龄、不同知识水平的人群终身学习的需要,学习者可以根据其已掌握情况自主组织学习内容,并随时了解自己的学习进展,再根据学习进展情况对自己的学习行为进行修正,最终获得最佳的学习效果。这种基于积件的MOOC系统框架见数字资源包图6.1所示。

三、基于"元数据"的科学普及资源库建设标准

(一)元数据及其相关概念

元数据,又称诠释数据、中介数据、中继数据、后设数据等,为描述其他数据信息的数据。英文前缀"meta"源自希腊介词和前缀μετά,代表"之后"或"之下"的意思,在此处实际上是使用知识论中"关于"的意思。元数据是定义为提供某些数据单方面或多方面信息的数据,它被用来概述数据的基础信息,以简化查找过程与方便使用。例如:

创建数据的方法

数据的用途

创建的时间与日期

数据的创建者或作者

数据被创建在计算机网上的何处

用户标准

文件大小

元数据主要是描述数据属性的信息,用来支持如指示存储位置、历史数据、资源查找、文件记录等功能。元数据算是一种电子式目录,为了达到编制目录的目的,必须描述并收藏数据的内容或特色,进而达成协助数据检索的目的。该名词起源于1969年,由Jack E. Myers所提出metadata,即关于数据的数据(data-about-data),可以说是一种标准,是为支持互通性的数据描述。其基本定义出自OCLC与NCSA所主办的"Metadata Workshop"研讨会。它将Metadata定义为"描述数据的数据"(Data about data)。

(二)元数据建设标准

为了避免对元数据术语产生混淆,下面对与元数据相关的其他术语进行统一说明。

(1)元数据元素

元数据元素是元数据的基本单元,用详细而精确的概念来描述数据,如都柏林核心元数据DC中的Creator元素就定义了一个对于创造一个资源负主要责任的实体的概念。

(2)元数据实体

元数据实体是同类元数据元素的集合,用于一些需要组合若干个更加基本的信息来表达的属性。例如,"数据集提交和发布方"需要单位名称、联系人、联系电话、通信地址等若干个基本信息来说明,而"数据集关键词说明"需要"关键词"和词典名称来说明,对于"数据集提交和发布方"和"数据集关键词说明"这类属性用元数据实体来表示。

(3)元数据子集

元数据子集由共同说明数据集的某一类属性的元数据元素与元数据实体组成,例如标识信息、内容信息、分发信息等。

(4)元数据标准

元数据标准是描述某些特定类型资料的规则集合,一般会包括语义层次上的著录规则和语法层次上的规定。语法层次上的规定有描述所使用的元语言,文档类型定义使用什么语法,具有内容的元数据格式及其描述方法。

(5)元数据标准的实例

元数据标准的实例描述了依据某个元数据标准中元素的概念而建立的一组特定的数据。

(6)元数据标准框架

元数据标准框架是规范设计特定资源的元数据标准时需要遵循的规则和方法,它是抽象化的元数据,从更高层次上规定了元数据的功能、数据结构、格式设计、方法语义、语法规则等多方面的内容。

具体到科学普及资源数据库建设中,元数据标准框架、元数据标准、元数据之间的关系见数字资源包图6.2所示。资源平台研究者制定元数据标准框架,特定学科标准制定者将元数据标准框架应用于本学科数据资源的规范化描述中,进而产生相应的元数据标准。特定专科标准制定者则将元数据标准应用于本学科资源对象描述中,产生其元数据,实现特定学科资源对象的规范化描述。特定学科资源提供者依据元数据标准定义的元数据,实现其发布资源的规范化描述。

在科学普及资源数据库系统中,元数据标准框架是系统内制定不同学科、不同应用的元数据标准时应该遵循的规则、方法、结构、语义等内容。它从整体上统一了科学普及资源数据管理者开发元数据标准的行为,并提供一致性的开发方法,从而从根本上解决元数据标准的扩展性、兼容性和互操作性等问题。

(三)元数据结构

元数据的结构主要指内容结构、语法结构和语义结构。

(1)内容结构:内容结构描述的是元数据的构成元素及其定义标准。一个元数据由许多完成不同功能的具体数据描述项构成,这些具体的数据描述项称为元数据元素项或元素,如题名、责任者等。元数据元素一般包括通用的核心元素、用于描述某一类型信息对象的核心元素、用于描述某个具体对象的个别元素,以及对象标识、版权等内容的管理性元素。为了更清晰地描述元数据结构,将元数据元素按照层次结构划分为元数据元素、元数据实体和元数据子集。

(2)语法结构:语法结构是指元数据格式结构及其描述方式,即元数据在计算机应用系统中的表示方法和相应的描述规则。目前主要采用XML语言和RDF框架来标识和描述元数据的格式结构。XML语言及其相关语法结构可以作为元数据描述的元语言,并可作为相关应用系统必备的对外数据访问的接口。

(3)语义结构:语义结构是指定义元数据元素的具体描述方法,也就是定义描述时所采用的共同标准或自定义的语义描述要求。一般采用国家标准《信息技术 数据元的规范与标准化》(ISO/IEC11179)所规定的数据元描述方法进行描述,也可以根据描述对象所在领域的特点自行确定。《信息技术 数据元的规范与标准化》(ISO/IEC 119)中采用如下的元素描述:

名称:元素名称

标识:元素唯一标识

版本:产生该元素的数据版本

注册机构:注册元素的授权机构

语言:元素说明语言

定义:对元素概念与内涵的说明

选项:说明元素是限定必须使用的还是可选择的

数据类型:元素值中所表现的数据类型

最大使用频率:元素的最大使用频率

注释:用于说明子元素情况

在《科学数据共享工程技术标准——元数据标准化基本原则和方法》(SDS/T2111-2004)中则采用定义、英文名称、数据类型、值域、知名、注释、子元素和扩展巴氏范式来描述数据元素、实体和子集。

四、基于"元数据"的科学普及资源库建设框架

科学普及资源库元数据标准框架,是关于元数据标准及其相关数据标准的内容规则。它包括科学普及资源库建设的相关体系、原则和协议标准。基于元数据的标准框架,从整体上规划了数据库系统、元数据和标准体系的组成内容。科学普及数据库通过制定不同类型、不同学科、不同应用元数据的相关约定,从整体上统一了数据库系统内置元数据的标准,从根本上解决了元数据标准之间的兼容以及元数据之间的交互问题,从而促进了科学普及数据的资源共享和数据交换。

(一)元数据标准框架总体结构

科学普及资源库元数据标准框架是为在统一标准和统一体系下,保障科学普及资源与众多客户资源数据正常共享和交互,主要包括如下七个层面的内容。

第一,元数据标准框架之概念与术语。科学普及资源库元数据框架是一个涉及众多概念、术语和定义的集合,这要求所有框架内容标识严格统一,以确保科学普及资源库内容的一致性和规范性。

第二,数据描述与分类编码规则。数据描述与分类编码规则是对元数据对象规范的基础,主要描述科学普及数据库在编码方面的分类与规则。

第三,科学普及资源库元数据的标准规范体系。针对科学普及资源库的复杂性、数据类型的多样性和学科广泛性等特点,通过元数据的标准规范体系进行数据规范。这能保证元数据和操作界面以及内容体系的逻辑之间高度一致。

第四,元数据的建设规范。元数据建设是整个数据建设中最为复杂的部分,其设计包括了很多的内容和操作行为的规范,如对XML结构的定义及统一建模语言

URL的表述、规范标准文档写作、发布等。

第五，元素及管理系统。管理系统是支持用户使用元数据规范的强有力工具，可以帮助用户管理元数据，同时实现元数据发布等。

第六，元数据注册系统。根据不同的用户展示不同的数据和应用方案，科学普及资源库按数据标准内容详细发布科学普及资源。

第七，元素的规范。包括元数据对外提供服务的服务目录的规范、元数据结构设计的规范、元数据的检索体系的规范，元数据服务接口的规范等内容。

(二)元数据标准制定原则

(1)科学性原则：资源编码按照严格的网络协议以实现共建共享和提高访问效率。首先，技术开发选取最先进的网络和互联网相关的技术，以保证资源库的后续升级和维护。其次，对各个标准中的元素，要严格保持结构的一致性。

(2)实用性原则：元数据标准结构与格式的设计应从用户实际需要出发，所制定的元数据，要在一定范围内具备通用性，达到既能有效控制原数据数量，又能使编写人员及用户快速上手，简单易学，从而提高工作质量及检索效率。

(3)简洁精准原则：在满足需要的基础上，内容设计应尽可能简单实用，要尽量做成领域内相对完整的元素及内容标准。既可以满足专业人士对资源的精确描述，也可以帮助用户高效地检索资源。

(4)灵活性原则：元素及标准应允许不同学科领域用户在保持标准完整性与一致性的前提下，适当定制标准或增删内容、增删模块、改变元素属性，以满足不同类型元素的特殊要求。

随着我国科技水平的提升，基于"互联网+"的民族地区科学普及资源库建设已经有了品种门类比较齐全、质量比较高的案例，如中国科学数据银行、中国植物物种信息数据库及中国西南地区动物资源数据库等。

参考文献

[1]刘新芳.当代中国科普史研究[D].合肥:中国科学技术大学,2010.

[2]陈煜.我国科普网站发展中的问题与对策研究[D].武汉:华中科技大学,2014.

[3]赵慧.基于Android的科普APP内容及表现形式研究[D].重庆:西南大学,2019.

[4]中国科普研究所.中国科普报告[M].北京:科学普及出版社,2004.

[5]马兰.基于"互联网+"的中美英科普网站内容及表现形式的比较研究[D].重庆:西南大学,2018.

[6]中国科学院.科学传统与文化——中国近代科学落后的原因[M].西安:陕西科学技术出版社,1983.

说明:因本书图表较多,部分图表收录在该书配套的数字资源包中。数字资源包制作完成后将上传到西南大学出版社官方网站,供读者免费查阅及下载。